大学入試

短期集中ゼミ

10日あれば
いい！

数学 I・A・II・B

特別編集

● 本書の特色

▶ 過去の大学入試でとくに出題頻度が高いタイプの問題を、数学 I・A・II・B の範囲で選びました。

▶ 各例題の最後に掲げた、入試に役立つテクニック『これで解決』には必ず目を通してください。

▶ 本書は、10日あればいい！シリーズ『数学 I＋A』、『数学 II』、『数学 B』の総例題260題から160題を厳選し、これに合わせ練習問題を選び直した特別編集版です。10日で終了することにこだわらず、すべてを学習することをお薦めします。

●目次

数学 I

数と式

1.	よくでる因数分解	8
2.	対称式（$x+y=a$, $xy=b$ のとき）	9
3.	二重根号	10
4.	$a+\sqrt{b}$ の整数部分と小数部分	11
5.	$\sqrt{a^2}=|a|$	12

2次関数

6.	放物線の平行・対称移動	13
7.	頂点が直線上にある放物線	13
8.	最大・最小と2次関数の決定	14
9.	定義域と2次関数の決定	14
10.	グラフの軸が動く場合の最大・最小	15
11.	定義域が動く場合の最大・最小	16
12.	条件式があるときの最大・最小	17
13.	不等式の解と整数の個数	18
14.	$ax^2+bx+c>0$　がつねに成り立つ条件	18
15.	文字を含む不等式	19
16.	解に適した不等式をつくる	19
17.	連立不等式の包含関係	20
18.	2次方程式の解とグラフ	21

図形と計量

19.	$\sin\theta$, $\cos\theta$, $\tan\theta$ の三角比ファミリー	22
20.	三角方程式・不等式	23
21.	$\sin\theta+\cos\theta=a$ のとき	23
22.	$\sin x$, $\cos x$ で表された関数の最大・最小	24
23.	内接円と外接円の半径	25
24.	△ABC で ∠A の2等分線の長さ	26
25.	△ABC で角の2等分線による対辺の比	26
26.	覚えておきたい角の関係	27
27.	空間図形の計量	28

集合と論証

28.	集合の要素と集合の決定	29
29.	不等式で表された集合の関係	30
30.	集合の要素の個数	31
31.	「すべてとある」「またはとかつ」「少なくとも一方とともに」	32
32.	必要条件・十分条件	33

データの分析

33.	度数分布と代表値	34
34.	箱ひげ図	35
35.	平均値・分散と標準偏差	36
36.	相関係数	37

●目次

数学A

場合の数と確率

37.	順列の基本	38
38.	いろいろな順列	39
39.	円順列	40
40.	組合せの基本	41
41.	組の区別がつく組分けとつかない組分け	42
42.	並んでいるものの間に入れる順列	43
43.	順列，組合せの図形への応用	44
44.	確率と順列，組合せ	45
45.	余事象の確率	46
46.	続けて起こる場合の確率	47
47.	さいころの確率	48
48.	反復試行の確率	49

整数の性質

49.	最大公約数・最小公倍数	50
50.	分数が整数になる条件	51
51.	約数の個数とその総和	51
52.	整数の倍数の証明問題	52
53.	余りによる整数の分類（剰余類）	53
54.	互除法	54
55.	不定方程式 $ax+by=c$ の整数解	55
56.	不定方程式 $xy+px+qy=r$ の整数解	56
57.	素数となる条件	57
58.	$n!$ の素因数分解と累乗	57
59.	p 進法	58

図形の性質

60.	円周角，接弦定理，円に内接する四角形	59
61.	内心と外心	60
62.	方べきの定理	61
63.	円と接線・2円の関係	62
64.	メネラウスの定理	63

CONTENTS

数学Ⅱ

複素数と方程式・式と証明

65.	二項定理と多項定理	64
66.	整式の除法	65
67.	分数式の計算	66
68.	複素数の計算	67
69.	複素数の相等	67
70.	解と係数の関係	68
71.	解と係数の関係と2数を解とする2次方程式	69
72.	解の条件と解と係数の関係	69
73.	剰余の定理・因数定理	70
74.	剰余の定理（Ⅰ）（2次式で割ったときの余り）	71
75.	剰余の定理（Ⅱ）（3次式で割ったときの余り）	72
76.	因数定理と高次方程式	73
77.	高次方程式の解の個数	74
78.	1つの解が $p+qi$ のとき	75
79.	恒等式	76
80.	条件があるときの式の値	77
81.	（相加平均）≧（相乗平均）の利用	78

図形と方程式

82.	座標軸上の点	79
83.	平行な直線，垂直な直線	79
84.	3点が同一直線上にある	80
85.	三角形をつくらない条件	80
86.	点と直線の距離	81
87.	直線に関して対称な点	82
88.	k の値にかかわらず定点を通る	83
89.	中心が直線上にある円	83
90.	円の接線の求め方──3つのパターン	84
91.	円周上の点と定点との距離	86
92.	点から円に引いた接線の長さ	86
93.	切り取る線分（弦）の長さ	87
94.	直線と直線，円と円の交点を通る（直線・円）	88
95.	平行移動	89
96.	放物線の頂点や円の中心の軌跡	89
97.	分点，重心の軌跡	90
98.	領域における最大・最小	91

三角関数

99.	加法定理	92
100.	三角関数の合成	93
101.	$\sin^2 x,\ \cos^2 x,\ \sin x\cos x$ がある式	94
102.	$t=\sin x+\cos x$ とおく関数	95
103.	$\cos 2x$ と $\sin x,\ \cos x$ がある式	96

●目次

指数・対数

104. $2^x \pm 2^{-x} = k$ のとき ————————————— 97
105. 累乗，累乗根の大小 ————————————— 97
106. 指数関数の最大・最小 ————————————— 98
107. 指数方程式・不等式 ————————————— 99
108. 対数の計算 ————————————— 100
109. $\log_2 3 = a$，$\log_3 5 = b$ のとき ————————————— 101
110. $a^x = b^y = c^z$ の式の値 ————————————— 101
111. 対数の大小 ————————————— 102
112. 桁数の計算 ————————————— 102
113. 対数関数の最大・最小 ————————————— 103
114. 対数方程式・不等式 ————————————— 104

微分・積分

115. 接線：曲線上の点における ————————————— 105
116. 接線：曲線外の点を通る接線と本数 ————————————— 106
117. $f(x)$ が $x = \alpha, \beta$ で極値をとる ————————————— 107
118. 増減表と極大値・極小値 ————————————— 108
119. ３次関数が極値をもつ条件・もたない条件 ————————————— 108
120. 関数の最大・最小（定義域が決まっているとき）—— 109
121. $f(x) = a$ の解の個数と解の正，負 ————————————— 110
122. $f(x) = 0$ の解の個数（極値を考えて）————————————— 111
123. 定積分と最大・最小 ————————————— 112
124. 絶対値を含む関数の定積分 ————————————— 113
125. 絶対値と文字を含む関数の定積分 ————————————— 114
126. 定積分で表された関数 ————————————— 115
127. 放物線と直線で囲まれた部分の面積 ————————————— 116
128. 面積の最小値・最大値 ————————————— 117
129. 面積を分ける直線，放物線 ————————————— 118

CONTENTS

数学B

数列

130.	等差数列	119
131.	等比数列	120
132.	等差数列の和の最大値	121
133.	a, b, c が等差・等比数列をなすとき	121
134.	p で割って r_1 余り，q で割って r_2 余る数列	122
135.	$S_n - rS_n$ で和を求める	122
136.	Σ の計算	123
137.	分数で表された数列の和	124
138.	a_n と S_n の関係	125
139.	群数列	126
140.	階差数列の漸化式	127
141.	漸化式 $a_{n+1} = pa_n + q$ $(p \neq 1)$ の型（基本型）	128

ベクトル

142.	ベクトルの加法と減法	129
143.	内分点の位置ベクトル	130
144.	3点が同一直線上にある条件	131
145.	座標とベクトルの成分	132
146.	$\vec{c} = m\vec{a} + n\vec{b}$ を満たす m, n	132
147.	ベクトルの内積・なす角・大きさ	133
148.	成分による大きさ・なす角・垂直・平行	134
149.	単位ベクトル	135
150.	$\vec{a} = (a_1,\ a_2)$, $\vec{b} = (b_1,\ b_2)$ のとき $|\vec{a} + t\vec{b}|$ の最小値	135
151.	三角形の面積の公式	136
152.	$\triangle$ABC：$l\overrightarrow{PA} + m\overrightarrow{PB} + n\overrightarrow{PC} = \vec{0}$ の点 P の位置と面積比	137
153.	線分，直線 AB 上の点の表し方	138
154.	線分の交点の求め方（内分点の考えで）	139
155.	直線の方程式 $\overrightarrow{OP} = s\overrightarrow{OA} + t\overrightarrow{OB}$ $(s + t = 1)$	140
156.	平面ベクトルと空間ベクトルの公式の比較	141
157.	正四面体の問題	142
158.	空間の中の平面	143
159.	平面と直線の交点	144
160.	空間座標と空間における直線	145

1 よくでる因数分解

次の式を因数分解せよ。
(1) x^3+2x^2-4x-8 〈広島工大〉
(2) $x^2(1-yz)-y^2(1-xz)$ 〈名古屋学院大〉
(3) $6x^2+7xy-5y^2-11x+12y-7$ 〈青山学院大〉
(4) x^4-8x^2+4 〈大阪工大〉

解
(1) 与式 $=x^2(x+2)-4(x+2)$
 $=(x+2)(x^2-4)$
 $=\boldsymbol{(x+2)^2(x-2)}$
 ←かくれた共通因数がでてくるように，項の組合せを考える。

(2) 与式 $=x^2-x^2yz-y^2+xy^2z$
 $=(xy^2-x^2y)z+(x^2-y^2)$
 $=xy(y-x)z+(x+y)(x-y)$
 $=\boldsymbol{(x-y)(x+y-xyz)}$
 ←一度展開する
 ←最低次数の文字 z で整理
 （文字が2つ以上あるとき，次数の一番低い文字で整理する。）

(3) 与式 $=6x^2+(7y-11)x-(5y^2-12y+7)$
 $=6x^2+(7y-11)x-(5y-7)(y-1)$
 $=\boldsymbol{(2x-y+1)(3x+5y-7)}$
 ← x の2次式として整理
 ←タスキ掛け
 $2 \diagdown -(y-1) \cdots -3y+3$
 $3 \diagup (5y-7) \cdots 10y-14$

(4) 与式 $=(x^2-2)^2-4x^2$
 $=(x^2-2)^2-(2x)^2$
 $=(x^2-2+2x)(x^2-2-2x)$
 $=\boldsymbol{(x^2+2x-2)(x^2-2x-2)}$
 ← A^2-X^2 の型にする。
 ←式は形よく整理しておく。

アドバイス
- 因数分解では，式の形をみてはじめに"共通因数でくくれるか""公式にあてはまるか"を考える。
- 次に，"次数の一番低い文字で整理する"，次数が同じならば，"1つの文字について整理する"などが基本的 step である。

因数分解は
(1) 公式にあてはまるか
(2) かくれた共通因数の発見
(3) 最低次数の文字で整理
(4) 2次式ならタスキ掛け
→ これでできないとき A^2-X^2 の型を考えよ

■**練習1** 次の因数分解をせよ。
(1) x^3+2x^2-x-2 〈東京都市大〉
(2) $ab^2-bc^2-b^2c-c^2a$ 〈広島文教女子大〉
(3) $2x^2+3xy-2y^2-3x-y+1$ 〈中央大〉
(4) x^4+4 〈札幌大〉

2 対称式 ($x+y=a$, $xy=b$ のとき)

$x=\dfrac{\sqrt{3}-1}{\sqrt{3}+1}$, $y=\dfrac{\sqrt{3}+1}{\sqrt{3}-1}$ のとき,次の値を求めよ.

(1) x^2+y^2 (2) x^3+y^3 〈大阪産大〉

解

$x=\dfrac{(\sqrt{3}-1)^2}{(\sqrt{3}+1)(\sqrt{3}-1)}=\dfrac{4-2\sqrt{3}}{3-1}=2-\sqrt{3}$ ← x, y を有理化する。

$y=\dfrac{(\sqrt{3}+1)^2}{(\sqrt{3}-1)(\sqrt{3}+1)}=\dfrac{4+2\sqrt{3}}{3-1}=2+\sqrt{3}$

$x+y=4$, $xy=1$ ← $x+y$, xy の基本対称式の値を求める。

(1) $x^2+y^2=(x+y)^2-2xy$
　　　$=4^2-2\cdot 1=\mathbf{14}$ ← $x+y$, xy の基本対称式で表す。

(2) $x^3+y^3=(x+y)^3-3xy(x+y)$
　　　$=4^3-3\cdot 1\cdot 4=\mathbf{52}$

アドバイス

- $x+y$, xy を x, y の基本対称式という.特に次の変形は重要である.
  $$x^2+y^2=(x+y)^2-2xy,\quad x^3+y^3=(x+y)^3-3xy(x+y)\quad (数Ⅱ)$$
- $x-y$, $\sqrt{x}+\sqrt{y}$ などは平方して
  $$(x-y)^2=(x+y)^2-4xy,\quad (\sqrt{x}+\sqrt{y})^2=x+y+2\sqrt{xy}$$
  として計算する.さらに,3文字 x, y, z について
  $$x^2+y^2+z^2=(x+y+z)^2-2(xy+yz+zx)$$
  は覚えておきたい頻出の式変形である.
- $x=\sqrt{a}+\sqrt{b}$, $y=\sqrt{a}-\sqrt{b}$ が与えられているとき,単に代入して計算しようなどと考えるな.工夫もせずそれで簡単に解けるようなら入学試験問題にならない.対称式の計算は和 $x+y$ と積 xy を求めて計算を進めよう.

これで 解決!

$\left.\begin{array}{l}x=\sqrt{a}+\sqrt{b}\\ y=\sqrt{a}-\sqrt{b}\end{array}\right\}$ のとき ➡ $\begin{array}{l}x+y=\boxed{和}\\ xy=\boxed{積}\end{array}$ の基本対称式で計算せよ

練習2 (1) $a=\dfrac{\sqrt{6}+\sqrt{2}}{\sqrt{6}-\sqrt{2}}$, $b=\dfrac{\sqrt{6}-\sqrt{2}}{\sqrt{6}+\sqrt{2}}$ のとき,$a^2+4ab+b^2$ および $a^3+2a^2b+2ab^2+b^3$ の値を求めよ. 〈京都女子大〉

(2) $x+y=1$, $x^2+y^2=3$ のとき,$xy=\boxed{}$,$x^3+y^3=\boxed{}$,$x^5+y^5=\boxed{}$ である. 〈類 摂南大〉

(3) $x=\sqrt{3}+\sqrt{2}$ のとき,$x+\dfrac{1}{x}=\boxed{}$,$x^3+\dfrac{1}{x^3}=\boxed{}$ 〈金沢工大〉

10

3 二重根号

次の式を簡単にせよ。

(1) $\sqrt{15+2\sqrt{54}}+\sqrt{15-2\sqrt{54}}$ 〈近畿大〉

(2) $\sqrt{4-\sqrt{15}}$ 〈日本大〉

解

(1) $\sqrt{15+2\sqrt{54}}+\sqrt{15-2\sqrt{54}}$

$=\sqrt{(9+6)+2\sqrt{9\times6}}+\sqrt{(9+6)-2\sqrt{9\times6}}$

$=(\sqrt{9}+\sqrt{6})+(\sqrt{9}-\sqrt{6})$

$=3+3=\boldsymbol{6}$

← $\sqrt{15\pm2\sqrt{54}}$
$=\sqrt{(9+6)\pm2\sqrt{9\times6}}$
　　　　和　　　積

(2) $\sqrt{4-\sqrt{15}}=\sqrt{\dfrac{8-2\sqrt{15}}{2}}$

$=\dfrac{\sqrt{8-2\sqrt{15}}}{\sqrt{2}}$

$=\dfrac{\sqrt{5}-\sqrt{3}}{\sqrt{2}}=\dfrac{\sqrt{10}-\sqrt{6}}{2}$

← $\sqrt{\bigcirc\pm2\sqrt{\bullet}}$ の形にするために，分数にして表す。

← $\sqrt{8-2\sqrt{15}}$
$=\sqrt{(5+3)-2\sqrt{5\times3}}$
　　　　和　　　積

アドバイス

▶二重根号をはずすときの注意◀

• (1)では，$\sqrt{15-2\sqrt{54}}$ を $\sqrt{6}-\sqrt{9}$ としないこと。（$\sqrt{6}-\sqrt{9}<0$ である。）

(2)では，$\sqrt{4-\sqrt{15}}$ の $\sqrt{15}$ の前に 2 がないので，$2\sqrt{15}$ をつくるために分母に 2 をもってきて，無理に公式が使える $\sqrt{\bigcirc-2\sqrt{\bullet}}$ の形に変形する。

• この公式は次の式の関係から導かれる。

$(\sqrt{a}\pm\sqrt{b})^2=a\pm2\sqrt{ab}+b$ （$a>b>0$，複号同順）

$(\sqrt{a}\pm\sqrt{b})^2=(a+b)\pm2\sqrt{ab}$

$\sqrt{a}\pm\sqrt{b}=\sqrt{(a+b)\pm2\sqrt{ab}}$

この左辺と右辺を入れかえて，次の公式が得られる。

これで 解決！

二重根号 ➡ $\underset{(和)}{\sqrt{(a+b)}}\pm2\underset{(積)}{\sqrt{ab}}=\sqrt{a}\pm\sqrt{b}$ （$a>b>0$）（複号同順）

$a,\ b$ の大小関係に注意

■**練習3** (1) 次の二重根号をはずして簡単にせよ。

(ア) $\sqrt{17-4\sqrt{15}}$ 〈東京工科大〉 (イ) $\sqrt{2+\sqrt{3}}+\sqrt{2-\sqrt{3}}$ 〈東北学院大〉

(2) $\sqrt{7-\sqrt{21+\sqrt{80}}}$ を簡単にすると $\sqrt{\boxed{}}-\sqrt{\boxed{}}$ となる。 〈北海道薬大〉

数Ⅰ　数と式　11

4　$a+\sqrt{b}$ の整数部分と小数部分

$\dfrac{2}{\sqrt{6}-2}$ の整数部分を a，小数部分を b とするとき，$a^2+4ab+4b^2$ の値を求めよ。　　　　　　　　　　　　　　　　　　　　　〈北海学園大〉

解

$\dfrac{2}{\sqrt{6}-2}=\dfrac{2(\sqrt{6}+2)}{(\sqrt{6}-2)(\sqrt{6}+2)}$

$\qquad\quad=\dfrac{2(\sqrt{6}+2)}{2}=2+\sqrt{6}$　　　　　←有理化する。

$2<\sqrt{6}<3$ だから　$4<2+\sqrt{6}<5$　　　←$\sqrt{6}$ を自然数で挟む。
　　　　　　　　　　　　　　　　　　　　　　$\sqrt{4}<\sqrt{6}<\sqrt{9}$ より
よって，整数部分は　$a=4$　　　　　　　　$2<\sqrt{6}<3$
　　　小数部分は　$b=2+\sqrt{6}-4$
　　　　　　　　　　$=\sqrt{6}-2$　　　　　←小数部分は整数部分を
　　　　　　　　　　　　　　　　　　　　　　引いたもの。
$a^2+4ab+4b^2=(a+2b)^2$
$\qquad\qquad\quad=(4+2\sqrt{6}-4)^2$
$\qquad\qquad\quad=\mathbf{24}$

アドバイス

• $a+\sqrt{b}$ の整数部分と小数部分に関する問題では，まず $\sqrt{b}$ を連続する自然数 n と $n+1$ で挟む。それから小数部分は $a+\sqrt{b}$ の整数部分を求めて引けばよい。

• 不等式で小数部分を求めるとき，注意をしなければならないことがある。

　例えば，$4\sqrt{3}$ の小数部分を求めるとき，

　　　$1<\sqrt{3}<2$ の各辺を 4 倍して　$4<4\sqrt{3}<8$

　これでは，$4\sqrt{3}$ の整数部分が 4，5，6，7 のどれかわからない。

　　　　　一度 $\sqrt{}$ の中に入れる。

　　　$4\sqrt{3}=\sqrt{48}\longrightarrow\sqrt{36}<\sqrt{48}<\sqrt{49}\longrightarrow6<\sqrt{48}<7$

　とすれば，整数部分は 6 であることがわかる。

これで 解決！

$a+\sqrt{b}$ の
整数部分
小数部分
$\Rightarrow$
・$\sqrt{b}$ を自然数 n と $n+1$ で挟み込む
　　$n<\sqrt{b}<n+1$
・各辺に a を加えて
　　$a+n<a+\sqrt{b}<a+(n+1)$
$\Rightarrow$
整数部分
$a+n$
小数部分
$a+\sqrt{b}-(\text{整数部分})$

練習4　$\dfrac{2}{\sqrt{3}-1}$ の整数部分を α，小数部分を β とするとき，β を $\sqrt{3}$ を用いて表せば，

$\beta=\boxed{}$ であり，$\dfrac{1}{\alpha+\beta+3}+\dfrac{1}{\alpha-\beta+1}=\boxed{}$ である。　　　〈東海大〉

5　$\sqrt{a^2}=|a|$

x が実数のとき，$\sqrt{(x-1)^2}+\sqrt{(x+1)^2}$ を簡単にせよ。　〈福岡教育大〉

解

$\sqrt{(x-1)^2}+\sqrt{(x+1)^2}=|x-1|+|x+1|$　　←$\sqrt{a^2}=|a|$

$|x-1|=\begin{cases} x-1 & (x\geqq 1) \\ -(x-1) & (x<1) \end{cases}$

$|x+1|=\begin{cases} x+1 & (x\geqq -1) \\ -(x+1) & (x<-1) \end{cases}$

─絶対値─
$|a|=\begin{cases} a & (a\geqq 0) \\ -a & (a<0) \end{cases}$

(ⅰ)　$x\geqq 1$ のとき
　　与式$=|x-1|+|x+1|$
　　　$=(x-1)+(x+1)=2x$

←絶対値$=0$ となるときの値が場合分けの分岐点。

(ⅱ)　$-1\leqq x<1$ のとき
　　与式$=|x-1|+|x+1|$
　　　$=-(x-1)+(x+1)=2$

(ⅲ)　$x<-1$ のとき
　　与式$=|x-1|+|x+1|$
　　　$=-(x-1)-(x+1)=-2x$

```
  x<-1   -1≦x<1   1≦x
  (ⅲ)     (ⅱ)     (ⅰ)
    -1         1      x
```

よって，与式$=\begin{cases} x\geqq 1\text{ のとき} & 2x \\ -1\leqq x<1\text{ のとき} & 2 \\ x<-1\text{ のとき} & -2x \end{cases}$　　←答えはまとめてかいておく。

アドバイス　……………………………………………………………………………

▶ $\sqrt{a^2}=|a|$ とする理由 ◀

- $\sqrt{(x-1)^2}=x-1$ となんの疑いもなく $\sqrt{}$ をはずす人が多い。
$\sqrt{5^2}=5$，$\sqrt{(-5)^2}=5$ からもわかるように，$\sqrt{()^2}$ は () 内の正，負にかかわらず，$\sqrt{}$ をはずしたときに負になることはない。したがって，絶対値記号をつけて $\sqrt{(x-1)^2}=|x-1|$，$\sqrt{(x+1)^2}=|x+1|$　とする。
- 絶対値記号をはずす場合，等号 $=$ は全部につけておいても間違いではないが，$x\geqq 1$ のように大きい方を示す方につけるのが一般的である。

これで解決！

$\sqrt{(x-a)^2}=|x-a|=\begin{cases} x-a & (x\geqq a) \\ -(x-a) & (x<a) \end{cases}$

■**練習5**　(1)　$x>2$ のとき $\sqrt{x^2-4x+4}-\sqrt{x^2+2x+1}$ を簡単にすると $\boxed{}$ であり，$-1<x<2$ のとき $\boxed{}$ である。　〈神戸薬科大〉

(2)　$x=\dfrac{4a}{1+a^2}$ $(a>0)$ のとき，$\dfrac{\sqrt{2-x}}{\sqrt{2+x}-\sqrt{2-x}}$ の値を a で表せ。　〈昭和薬大〉

6 放物線の平行・対称移動

放物線 $y=x^2-2x+2$ を x 軸方向に 2, y 軸方向に -2 平行移動し,さらに原点に関して対称移動した放物線の式を求めよ。〈天理大〉

解　$y=(x-1)^2+1$ より, 頂点は $(1, 1)$
x 軸方向に 2, y 軸方向に -2 の平行移動で
頂点は $(1, 1) \to (3, -1)$ に移る。
原点に関しての対称移動で, x^2 の係数が -1
になり, 頂点は $(3, -1) \to (-3, 1)$ に移る。
∴　$y=-(x+3)^2+1$

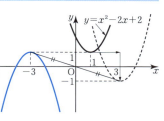

アドバイス
- 放物線の移動は, グラフの概形をかき, 頂点に注目して移動させるのがわかりやすい。ただし, グラフが上下逆転するときは, x^2 の係数の符号が変わる。

これで 解決!
放物線（2次関数）の移動 ➡ 頂点の動きで考える,上下逆転に注意!

練習6　放物線 $y=-x^2+4x+2$ を x 軸に関して対称移動したのち, x 方向に -1, y 軸方向に 8 平行移動して得られる放物線の方程式は □ である。〈昭和薬大〉

7 頂点が直線上にある放物線

放物線 $y=2x^2$ を平行移動したもので, 点 $(1, 3)$ を通り, 頂点が直線 $y=2x-3$ 上にある放物線の方程式を求めよ。〈兵庫医大〉

解　頂点を $(t, 2t-3)$ とおくと
　　$y=2(x-t)^2+2t-3$ と表せる。
点 $(1, 3)$ を通るから $3=2(1-t)^2+2t-3$,
　$(t-2)(t+1)=0$　より　$t=2, -1$
よって, $y=2(x-2)^2+1$, $y=2(x+1)^2-5$

← $y=2x-3$ 上の点は
$(t, 2t-3)$
とおける。

アドバイス
- 直線 $y=mx+n$ 上の点は $(t, mt+n)$ と表せる。放物線の頂点や, 円の中心が直線上にあるとき, その他一般的に利用頻度は高いので使えるようにしておきたい。

これで 解決!
直線 $y=mx+n$ 上の点は ➡ $(t, mt+n)$ とおく

練習7　放物線 $y=2x^2-1$ を平行移動したもので, 点 $(2, 1)$ を通り, 頂点が直線 $y=-x+3$ 上にあるような放物線の方程式を求めよ。〈佛教大〉

8 最大・最小と2次関数の決定

グラフが点 $(4, -4)$ を通り，$x=2$ のとき最大値 8 をとる2次関数は，$y=\boxed{}$ である。 〈摂南大〉

解 $x=2$ で最大値 8 をとるから
$y=a(x-2)^2+8 \ (a<0)$ とおける。
点 $(4, -4)$ を通るから
$-4=4a+8$ ∴ $a=-3 \ (a<0$ を満たす。)
よって，$y=-3(x-2)^2+8$

←$y=ax^2+bx+c$ が最大値をとるとき 上に凸で $a<0$

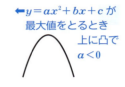

アドバイス

- 2次関数 $y=ax^2+bx+c$ の a，b，c の決定には3つの条件が必要になるが，最大値や最小値などの頂点に関する条件が与えられたときは，次の形で求めていく。

これで 解決!

2次関数の決定：頂点が関係したら ➡ $y=a(x-p)^2+q$ とおく。

練習8 関数 $y=x^2+ax+b$ が $x=-1$ のとき最小値をとり，$x=2$ のとき $y=5$ となるならば $a=\boxed{}$，$b=\boxed{}$ である。 〈工学院大〉

9 定義域と2次関数の決定

2次関数 $y=ax^2-8ax+b \ (2\leqq x\leqq 5)$ の最大値が 6 で，最小値が -2 である。このとき，定数 $a \ (a>0)$，b を求めよ。 〈類 名城大〉

解 $y=a(x-4)^2-16a+b$ と変形する。
グラフを考えると，右図のようになるから
最大値は $x=2$ のとき $-12a+b=6$ ……①
最小値は $x=4$ のとき $-16a+b=-2$ ……②
①，②から $a=2$，$b=30$

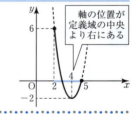

軸の位置が定義域の中央より右にある

アドバイス

- 2次関数は定義域の端で最大値または最小値をとる。これはグラフの軸が定義域の中央より"右寄り"か"左寄り"かによって決まる。

これで 解決!

定義域があるときの最大・最小 ➡ グラフの軸の位置を確認！

練習9 2次関数 $y=f(x)$ のグラフの頂点は，$(-1, 6)$ である。また，$-5\leqq x\leqq 1$ において最小値は -10 となる。$f(x)$ を求めよ。 〈日本福祉大〉

10 グラフの軸が動く場合の最大・最小

$-1 \leqq x \leqq 1$ における関数 $f(x)=x^2-2ax+a^2+1$ の最大値 M と最小値 m を求めよ。 〈類 京都産大〉

解 $y=f(x)=(x-a)^2+1$ と変形する。
このグラフは，軸 $x=a$ の値によって，次のように分類される。
(i) $a<-1$ (ii) $-1\leqq a<0$ (iii) $a=0$ (iv) $0<a\leqq 1$ (v) $1<a$

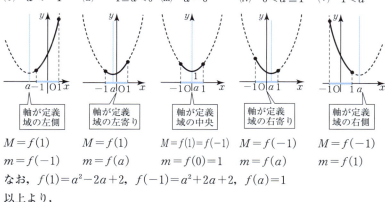

軸が定義域の左側	軸が定義域の左寄り	軸が定義域の中央	軸が定義域の右寄り	軸が定義域の右側
$M=f(1)$	$M=f(1)$	$M=f(1)=f(-1)$	$M=f(-1)$	$M=f(-1)$
$m=f(-1)$	$m=f(a)$	$m=f(0)=1$	$m=f(a)$	$m=f(1)$

なお，$f(1)=a^2-2a+2$, $f(-1)=a^2+2a+2$, $f(a)=1$
以上より，

$\begin{cases} a<-1 \text{ のとき} & M=a^2-2a+2 \ (x=1), \quad m=a^2+2a+2 \ (x=-1) \\ -1\leqq a<0 \text{ のとき} & M=a^2-2a+2 \ (x=1), \quad m=1 \ (x=a) \\ a=0 \text{ のとき} & M=2 \ (x=1, -1), \quad m=1 \ (x=0) \\ 0<a\leqq 1 \text{ のとき} & M=a^2+2a+2 \ (x=-1), \ m=1 \ (x=a) \\ 1<a \text{ のとき} & M=a^2+2a+2 \ (x=-1), \ m=a^2-2a+2 \ (x=1) \end{cases}$

アドバイス

- 定義域が決まっていてグラフが動くような場合は，まず軸が定義域の内にあるか，外にあるかで分類するとわかりやすい。
- 軸が定義域内にあるときは，(ii), (iii), (iv)からもわかるように，右寄りか，左寄りかで最大値が異なるので，そこで場合分けをする。(最小値だけならこの必要はない)
- 座標軸と動かない定義域をまずかいて，その上で動くグラフを左から右に動かして考えるとよい。

これで解決！

2次関数の最大・最小
グラフの軸が動くとき $\Rightarrow$ $\begin{Bmatrix} \text{軸が} \\ \text{定義域} \end{Bmatrix}$ の "内か" "外か" で，まず分けよ "右寄り" "左寄り" にも注意

 練習10 関数 $f(x)=x^2+ax-2a+6$ の $x\geqq 0$ における最小値が 1 であるとき，a の値を求めよ。 〈岩手大〉

11 定義域が動く場合の最大・最小

関数 $f(x)=x^2-4x+5$ において，$t \leq x \leq t+1$ における $f(x)$ の最小値を $m(t)$ とするとき，$m(t)$ を求めよ。 〈類 東京薬大〉

解 $y=(x-2)^2+1$ と変形する。

t の値によって定義域が変わるから，最小値は次の3通りに分類できる。

(i) $t+1<2$ すなわち 　(ii) $t \leq 2 \leq t+1$ すなわち 　(iii) $2<t$ のとき
　　$t<1$ のとき　　　　　　　　$1 \leq t \leq 2$ のとき

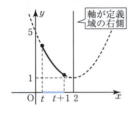

$m(t)=f(t+1)$
$\quad\quad =t^2-2t+2$

$m(t)=f(2)=1$

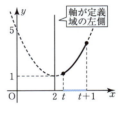

$m(t)=f(t)$
$\quad\quad =t^2-4t+5$

よって，(i), (ii), (iii)より　$m(t)=\begin{cases} t^2-2t+2 & (t<1) \\ 1 & (1 \leq t \leq 2) \\ t^2-4t+5 & (2<t) \end{cases}$

アドバイス

- この問題では，グラフは動かないが，定義域が $t \leq x \leq t+1$ なので t の値によって，定義域が動く。しかも，t のどんな値に対しても定義域の区間の幅が1であることがポイントになる。
- したがって，まずグラフを大きくかき，x 軸上で幅1の区間をスライドさせながら，場合分けをする t の値を考える。
- 場合分けは前ページのように，グラフの軸が"定義域の内か外か"や"定義域内の右寄りか左寄りか"で判断する。

| 関数 $f(x)$ で定義域が $t \leq x \leq t+1$ のとき | → | ・t の値で定義域（区間の幅はいつも1）が動くから t の値で場合分け
・グラフの軸と定義域の位置関係を，区間をスライドさせて考える |

練習11 実数 t について，区間 $t \leq x \leq t+1$ における関数 $f(x)=x^2-6x+2$ の最小値 $g(t)$ を求めよ。 〈東京理科大〉

数Ⅰ　2次関数

12　条件式があるときの最大・最小

(1) x, y が実数で，$x+y=3$ のとき，x^2+y^2 は $x=\boxed{}$，$y=\boxed{}$ で最小値 $\boxed{}$ をとる。〈立教大〉

(2) x, y が実数で，$x^2+2y^2=1$ を満たすとき，$z=x+3y^2$ の最大値は $\boxed{}$，最小値は $\boxed{}$ である。〈摂南大〉

解

(1) $z=x^2+y^2$ として，$y=3-x$ を代入する。
$$z=x^2+(3-x)^2=2x^2-6x+9$$
$$=2\left(x-\frac{3}{2}\right)^2+\frac{9}{2}$$

よって，$x=\dfrac{3}{2}$，このとき $y=\dfrac{3}{2}$ で最小値 $\dfrac{9}{2}$

← $x+y=3$ だけの条件だから x はすべての値をとる。

(2) $2y^2=1-x^2 \geqq 0$ より，$-1 \leqq x \leqq 1$
$$z=x+3y^2=x+3\cdot\frac{1-x^2}{2}$$
$$=-\frac{3}{2}\left(x-\frac{1}{3}\right)^2+\frac{5}{3}$$

右のグラフより，

最大値 $\dfrac{5}{3}$ $\left(x=\dfrac{1}{3},\ y=\pm\dfrac{2}{3}\right)$

最小値 -1 $(x=-1,\ y=0)$

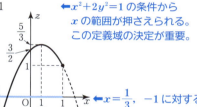

← $x^2+2y^2=1$ の条件から x の範囲が押さえられる。この定義域の決定が重要。

← $x=\dfrac{1}{3}$，-1 に対する y の値は $x^2+2y^2=1$ に代入して求める。

アドバイス

- 条件がある最大，最小の問題では，条件式より1文字消して，1変数の関数にするのが基本である。
- また，(1)と(2)の決定的な違いは，定義域である。
  (1)の $x+y=3$ の条件では，定義域はすべての実数である。一方，(2)の $x^2+2y^2=1$ では，$2y^2=1-x^2 \geqq 0$ から，x の範囲に $-1 \leqq x \leqq 1$ の制限がでてくる。
  この他にも，例えば，$x^2+y^2=4$ のとき，$y^2=4-x^2 \geqq 0$ から $-2 \leqq x \leqq 2$ となる。

これで 解決!

| 条件式がある
最大・最小 | | ・条件式より1文字消去が基本（1変数の関数で）
・条件式の中に定義域がかくれていることがあるから要注意！ |

練習12 (1) x, y は $2x+y=3$ を満たしながら変わるものとする。$x=\boxed{}$，$y=\boxed{}$ のとき x^2+y^2 は最小値 $\boxed{}$ をとる。〈青山学院大〉

(2) 実数 x, y が $2x^2+y^2=8$ を満たすとき，x^2+y^2-6x の最大値を求めよ。〈関西大〉

13 不等式の解と整数の個数

$6x^2-25x-9<0$ を満たす整数 x の個数は □ 個である。〈立教大〉

解 $(3x+1)(2x-9)<0$ より $-\dfrac{1}{3}<x<\dfrac{9}{2}$

 よって，5個

←数直線上に解を図示する。

アドバイス

- 不等式を満たす整数の個数を調べるには，数直線上に示すのが明快である。無理数などは，およその値を覚えておこう。

これで 解決！

不等式を満たす整数 ➡ 範囲を数直線上に図示

■ **練習13** $|x-\sqrt{3}|<3$ を満たす整数は全部で □ 個あり，そのうち最大なものは □ である。〈千葉工大〉

14 $ax^2+bx+c>0$ がつねに成り立つ条件

すべての x について 2 次不等式 $x^2-2(k+1)x+2k^2>0$ が成立するような実数 k の範囲は □ である。〈立教大〉

解 x^2 の係数が 1 で正なので，$D<0$ ならばよい。

$\dfrac{D}{4}=(k+1)^2-2k^2<0$

$k^2-2k-1>0$

よって，$k<1-\sqrt{2}$，$1+\sqrt{2}<k$

←$y=x^2-2(k+1)x+2k^2$ のグラフは下に凸。

アドバイス

- すべての x で $ax^2+bx+c>0$ となる条件は，右のグラフから $a>0$（下に凸）かつ $D<0$（x 軸と交わらない）である。
- ただし，$a=0$ のときは $b=0$，$c>0$ となる。
  したがって，$a\neq 0$ のとき次が成り立つ。

これで 解決！

すべての実数 x で $ax^2+bx+c>0$ ➡ $a>0$，$D=b^2-4ac<0$

■ **練習14** 2 次不等式 $-x^2+kx-8\leq k$ がすべての実数 x に対して成り立つための実数 k の値の範囲は □ である。〈帝京大〉

15 文字を含む不等式

不等式 $x(x-a+1)<a$ の解を求めよ。 〈岩手大〉

解 $x^2-(a-1)x-a<0$ から $(x-a)(x+1)<0$

$a>-1$ のとき

$-1<x<a$

$a=-1$ のとき
$(x+1)^2<0$ となり
$(x+1)^2 \geqq 0$ だから
解なし

$a<-1$ のとき

$a<x<-1$

アドバイス
- $(x-\alpha)(x-\beta)<0$ の解は，α，β の大，小によって，$\alpha<x<\beta$ となったり，$\beta<x<\alpha$ となったりするので，場合分けが必要。$(x-\alpha)(x-\beta)>0$ も同様である。
- 文字を含む不等式では，文字の大小による場合分けを覚悟しておこう。

これで解決！

$(x-\alpha)(x-\beta) \gtreqless 0$ ➡ $\alpha<\beta$，$\alpha=\beta$，$\alpha>\beta$ で場合分け

■**練習15** x についての不等式 $x^2-2x-a^2+2a \leqq 0$ を解け。 〈日本大〉

16 解に適した不等式をつくる

不等式 $ax^2-2x+b>0$ の解が $-2<x<1$ のとき，a，b の値を求めよ。 〈甲南大〉

解 $-2<x<1$ を解にもつ2次不等式は
$(x+2)(x-1)<0$ より $x^2+x-2<0$
与式の1次の係数が -2 だから，両辺に -2 を掛けて
$-2x^2-2x+4>0 \iff ax^2-2x+b>0$
係数を比較して，$a=-2$，$b=4$

←不等号の向きと，どこかの項の係数を一致させる。

アドバイス
- 不等式の解から2次不等式をつくるのがポイントで，不等号の向きと同じ次数の項の係数や定数項を一致させてから係数を比較する。

これで解決！

不等式とその解
$(\alpha<\beta)$ ➡ $\begin{cases} \alpha<x<\beta \iff (x-\alpha)(x-\beta)<0 \\ x<\alpha,\ \beta<x \iff (x-\alpha)(x-\beta)>0 \end{cases}$

■**練習16** 2次不等式 $-2x^2+ax+b>0$ の解が $-1<x<2$ となるように定数 a，b を定めよ。 〈東京電機大〉

17 連立不等式の包含関係

連立不等式 $x^2-(a+6)x+6a<0$, $4x^2-27x+45>0$ の解の中に整数値が 3 個だけ含まれるように a の値の範囲を定めよ。　〈北海学園大〉

解　$(x-a)(x-6)<0$, $(4x-15)(x-3)>0$

共通部分を数直線を使って図示すると

(i) $a<6$ のとき　　　　　　　(ii) $a>6$ のとき

上の図より，2，4，5 が含まれればよいから，$1\leqq a<2$

上の図より，7，8，9 が含まれればよいから，$9<a\leqq10$

(iii) $a=6$ のとき解がないから不適。

よって，(i)，(ii)より　$1\leqq a<2$，$9<a\leqq10$

アドバイス

- 連立不等式の解の包含関係は数直線を使って図示するのが一番よい。ただし，注意しなければならないのは，両端に等号が入るかどうかの吟味である。それは問題の式に = が入っているか，入っていないかで違ってくる。
- この問題でも a の範囲の 1 と 10 には = がついているが，2 と 9 には = はつかない。それは，問題の式に等号が入っていないからで，実際に $(x-a)(x-6)<0$ の解を調べると $a=1$ のときは，$1<x<6$ で，共通範囲が $1<x<3$ となり $x=1$ は含まれない。したがって，$a=1$ はよい。
一方，$a=2$ のときは，$2<x<6$ で，共通範囲が $2<x<3$ となり $x=2$ を含まなくなってしまうから，$a=2$ はダメである。
（$a=9$，10 のときについては各自で確かめてみよう。）

これで解決！

連立不等式の解の包含関係　⇒　数直線で考えるのが best
両端の等号が入るかどうか　⇒　迷ったら実際に解を求めよ

練習17　2 つの不等式 $2x^2-3x-5>0$ ……①，$x^2-(a+2)x+2a<0$ ……② がある。
(1) 不等式①を解け。
(2) ①と②を満たす整数値がただ 1 つであるように，実数 a の範囲を定めよ。

〈類　成城大〉

18 2次方程式の解とグラフ

方程式 $x^2-2ax+a+12=0$ の異なる2つの実数解がともに1より大きくなるのは □ $<a<$ □ のときである。〈青山学院大〉

解 $f(x)=x^2-2ax+a+12$ とおくと
$y=f(x)$ のグラフが右のようになればよいから
$\dfrac{D}{4}=a^2-a-12=(a-4)(a+3)>0$
$\therefore\ a<-3,\ 4<a$ ……①
軸 $x=a>1$ $\therefore\ a>1$ ……②
$f(1)=1-2a+a+12>0$ $\therefore\ a<13$ ……③
①,②,③の共通範囲だから
$4<a<13$

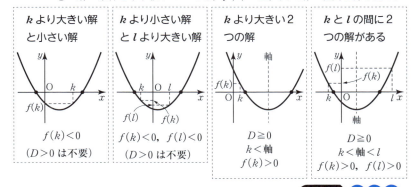

アドバイス

- 2次方程式の解を下に凸のグラフで考えるとき,グラフは次の3つの条件で決まる。
  ① 判別式 D の符号(重解を含む実数解は $D\geqq 0$, 異なる実数解は $D>0$)
  ② 軸の位置(軸の x 座標の範囲)
  ③ 解の条件を示す値が k のとき, $f(k)$ の正,負で解の範囲を押さえる。

k より大きい解と小さい解	k より小さい解と l より大きい解	k より大きい2つの解	k と l の間に2つの解がある
$f(k)<0$ ($D>0$ は不要)	$f(k)<0,\ f(l)<0$ ($D>0$ は不要)	$D\geqq 0$ $k<$軸 $f(k)>0$	$D\geqq 0$ $k<$軸$<l$ $f(k)>0,\ f(l)>0$

これで解決!

2次方程式の解とグラフとの関係 ➡
- 判別式 $D\geqq 0$ ($D>0$)
- 軸(頂点の x 座標)の位置
- $f(k)$ が正か負か(k は解の条件を示す値)

トリオで

練習18 2次方程式 $x^2-2ax+a+6=0$ が,次の各条件を満たすとき,定数 a の値の範囲を求めよ。
(1) 正の解と負の解をもつ。 (2) 異なる2つの負の解をもつ。
(3) すべての解が1より大きい。 〈鳥取大〉

19 $\sin\theta$, $\cos\theta$, $\tan\theta$ の三角比ファミリー

(1) 角 θ が鋭角で，$\sin\theta = \dfrac{2}{3}$ のとき，$\cos\theta$，$\tan\theta$ の値を求めよ。
〈中央大〉

(2) $\tan\theta = -2$，$0° < \theta < 180°$ のとき，$\cos\theta$，$\sin\theta$ の値を求めよ。
〈福岡大〉

解

(1) $\cos^2\theta = 1 - \sin^2\theta = 1 - \left(\dfrac{2}{3}\right)^2 = \dfrac{5}{9}$　　←$\sin^2\theta + \cos^2\theta = 1$

θ が鋭角だから　$\cos\theta > 0$

∴　$\cos\theta = \sqrt{\dfrac{5}{9}} = \dfrac{\sqrt{5}}{3}$

$\tan\theta = \dfrac{\sin\theta}{\cos\theta} = \dfrac{2}{3} \times \dfrac{3}{\sqrt{5}} = \dfrac{2\sqrt{5}}{5}$

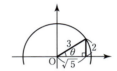

(2) $1 + \tan^2\theta = \dfrac{1}{\cos^2\theta}$ に代入して

$1 + (-2)^2 = \dfrac{1}{\cos^2\theta}$　より　$\cos^2\theta = \dfrac{1}{5}$

ここで，$\tan\theta = -2$ のとき $90° < \theta < 180°$

よって，$\cos\theta < 0$ だから $\cos\theta = -\dfrac{\sqrt{5}}{5}$

$\sin\theta = \tan\theta\cos\theta = -2 \cdot \left(-\dfrac{\sqrt{5}}{5}\right) = \dfrac{2\sqrt{5}}{5}$　　←$\sin^2\theta + \cos^2\theta = 1$ から求めてもよい。

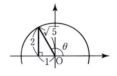

アドバイス

- 三角比を苦手とする人は少なくない。その原因の1つに $\sin\theta$, $\cos\theta$, $\tan\theta$ をバラバラに見ていることが考えられる。
- $\sin\theta$, $\cos\theta$, $\tan\theta$ の三角比ファミリーは次の式で結ばれているから，1つわかればすべて求められる。これを知っただけでも少しは自信がつくはずだ。なお，$\tan\theta$ は $\sin\theta$, $\cos\theta$ に直して計算するとわかりやすい。

これで 解決！

$\sin\theta$, $\cos\theta$, $\tan\theta$ の三角比ファミリー　⇒　$\sin^2\theta + \cos^2\theta = 1$，$\tan\theta = \dfrac{\sin\theta}{\cos\theta}$，$1 + \tan^2\theta = \dfrac{1}{\cos^2\theta}$

練習19 (1) $90° < \theta < 180°$ で $\sin\theta = \dfrac{2}{\sqrt{13}}$ のとき，$\cos\theta$，$\tan\theta$ の値を求めよ。
〈長崎総合科学大〉

(2) $\tan\theta = -\dfrac{\sqrt{5}}{2}$ のとき，$\cos\theta = \boxed{}$，$\sin\theta = \boxed{}$ である。ただし，$0° \leq \theta \leq 180°$ とする。
〈金沢工大〉

20 三角方程式・不等式

次の方程式，不等式を解け。$(0° \leqq x \leqq 180°)$
(1) $2\sin^2 x - \cos x - 1 = 0$ 〈武蔵大〉
(2) $2\cos^2 x + 5\sin x - 4 \geqq 0$

解
(1) $2(1-\cos^2 x) - \cos x - 1 = 0$
$2\cos^2 x + \cos x - 1 = 0$
$(2\cos x - 1)(\cos x + 1) = 0$
$\cos x = \dfrac{1}{2},\ -1$
$\therefore\ x = 60°,\ 180°$

(2) $2(1-\sin^2 x) + 5\sin x - 4 \geqq 0$
$2\sin^2 x - 5\sin x + 2 \leqq 0$
$(2\sin x - 1)(\sin x - 2) \leqq 0$
$\sin x - 2 < 0$ だから $\sin x \geqq \dfrac{1}{2}$
$\therefore\ 30° \leqq x \leqq 150°$

アドバイス
- 式の中に $\sin x$ と $\cos x$ が入っている場合，$\sin x$ か $\cos x$ に統一する。

これで解決！

$\sin x$ か $\cos x$ に統一するには ➡ $\sin^2 x + \cos^2 x = 1$ を利用

練習20 次の方程式，不等式を解け。$(0° \leqq x \leqq 180°)$
(1) $\sin^2 x - \cos^2 x = 0$ 〈久留米大〉
(2) $2\sin^2 x + 3\cos x < 0$ 〈類 佐賀大〉

21 $\sin\theta + \cos\theta = a$ のとき

$\sin\theta + \cos\theta = \dfrac{1}{2}$ のとき，次の値を求めよ。
(1) $\sin\theta\cos\theta$
(2) $\sin^3\theta + \cos^3\theta$ 〈芝浦工大〉

解
(1) $(\sin\theta + \cos\theta)^2 = \left(\dfrac{1}{2}\right)^2$ ← $\sin^2\theta + \cos^2\theta = 1$
$1 + 2\sin\theta\cos\theta = \dfrac{1}{4}$ $\therefore\ \sin\theta\cos\theta = -\dfrac{3}{8}$

(2) $\sin^3\theta + \cos^3\theta$
$= (\sin\theta + \cos\theta)(\sin^2\theta - \sin\theta\cos\theta + \cos^2\theta)$
$= \dfrac{1}{2} \cdot \left\{1 - \left(-\dfrac{3}{8}\right)\right\} = \dfrac{11}{16}$

← $a^3 + b^3$
$= (a+b)(a^2 - ab + b^2)$

アドバイス
- $\sin\theta \pm \cos\theta = a$ のとき，$\sin\theta\cos\theta$ は両辺2乗して導ける。三角比の根幹となる公式 $\sin^2\theta + \cos^2\theta = 1$ を利用するために，2乗するのは常套手段だ！

これで解決！

$\sin\theta + \cos\theta = a$ のとき ➡ 両辺2乗して $\sin\theta\cos\theta = \dfrac{a^2-1}{2}$

練習21 $\sin\alpha + \cos\alpha = \dfrac{1}{3}$ のとき，$\sin\alpha\cos\alpha = \boxed{}$，$\sin^3\alpha + \cos^3\alpha = \boxed{}$ である。
〈青山学院大〉

22 $\sin x$, $\cos x$ で表された関数の最大・最小

$0° \leq x \leq 180°$ の範囲で，関数 $y = \sin^2 x + \cos x$ の最大値，最小値と，そのときの x の値を求めよ。 〈立教大〉

解
$y = \sin^2 x + \cos x$
$= (1 - \cos^2 x) + \cos x$
$= -\cos^2 x + \cos x + 1$

←$\sin^2 x + \cos^2 x = 1$ を利用して $\cos x$ に統一。

$\cos x = t$ とおく。ただし，t は
$0° \leq x \leq 180°$ のとき $-1 \leq t \leq 1$ だから
$y = -t^2 + t + 1 \ (-1 \leq t \leq 1)$ で考える。

←t の定義域は $0° \leq x \leq 180°$ より $-1 \leq \cos x \leq 1$
∴ $-1 \leq t \leq 1$

$= -\left(t - \dfrac{1}{2}\right)^2 + \dfrac{5}{4}$

右のグラフより

$t = \dfrac{1}{2}$ のとき最大値 $\dfrac{5}{4}$

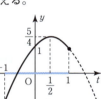

このとき，$\cos x = \dfrac{1}{2}$ より $x = 60°$

$t = -1$ のとき最小値 -1

このとき，$\cos x = -1$ より $x = 180°$

よって

$x = 60°$ のとき　最大値 $\dfrac{5}{4}$

$x = 180°$ のとき　最小値 -1

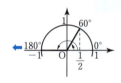

アドバイス
- $\sin x$ や $\cos x$ で表された関数は，$\sin x$ か $\cos x$ に統一し，$\sin x = t$ または，$\cos x = t$ とおいて t についての関数で考えるのがよい。
- ただし，t の定義域に注意しよう。t は $\sin x$ や $\cos x$ の代わりだから，とりうる値の範囲が限られる。x の範囲を確認して t の定義域を定めよう。

これで　解決！

$\sin x$ や $\cos x$ で表された関数　→　・$\sin x = t$ または $\cos x = t$ とおき t の関数として考える。
・t の定義域は $\sin x$，$\cos x$ のとりうる範囲
$0° \leq x \leq 180°$ のとき $0 \leq \sin x \leq 1$，$-1 \leq \cos x \leq 1$

練習22 関数 $y = 1 - 2\sin^2 x - 2\cos x \ (0° \leq x \leq 180°)$ において，$\cos x = t$ とおき，y を t で表すと $y = \boxed{}$ である。関数 y は，$x = \boxed{}$ のとき，最小値 $\boxed{}$，$x = \boxed{}$ のとき，最大値 $\boxed{}$ をとる。 〈類　東海大〉

23 内接円と外接円の半径

△ABC において BC=4，CA=5，AB=6 である。次を求めよ。
(1) $\cos A$, $\sin A$
(2) △ABC の外接円の半径 R
(3) △ABC の面積 S
(4) △ABC の内接円の半径 r

〈類 東京工芸大〉

解 (1) $\cos A = \dfrac{5^2+6^2-4^2}{2\cdot 5\cdot 6} = \dfrac{3}{4}$

$\sin A = \sqrt{1-\cos^2 A} = \sqrt{1-\left(\dfrac{3}{4}\right)^2} = \dfrac{\sqrt{7}}{4}$

余弦定理
$\cos A = \dfrac{b^2+c^2-a^2}{2bc}$

(2) $\dfrac{a}{\sin A}=2R$ だから $R=\dfrac{a}{2\sin A}$

$R=\dfrac{1}{2}\cdot 4 \cdot \dfrac{4}{\sqrt{7}} = \dfrac{8\sqrt{7}}{7}$

正弦定理
$\dfrac{a}{\sin A}=\dfrac{b}{\sin B}=\dfrac{c}{\sin C}=2R$

(3) $S=\dfrac{1}{2}\cdot 5\cdot 6\cdot \sin A = \dfrac{1}{2}\cdot 5\cdot 6 \cdot \dfrac{\sqrt{7}}{4} = \dfrac{15\sqrt{7}}{4}$

面積
$S=\dfrac{1}{2}bc\sin A$

(4) △ABC=△OAB+△OBC+△OCA だから

$\dfrac{15\sqrt{7}}{4} = \dfrac{1}{2}\cdot 6\cdot r + \dfrac{1}{2}\cdot 4\cdot r + \dfrac{1}{2}\cdot 5\cdot r$

$= \dfrac{15}{2}r \quad \therefore \quad r=\dfrac{\sqrt{7}}{2}$

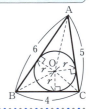

アドバイス

内接円や外接円の半径を求める問題で，よく出題される代表的なもの。

- (2)では，外接円の半径が出てくる公式は，正弦定理しかないのだから，外接円ときたら，まず正弦定理を考えること。
- (4)の面積が等しいことを利用して，内接円の半径を求める方法も頻度の高いものだから忘れずに。

これで 解決！

内接円の半径 ➡ 面積を利用　　外接円の半径 ➡ 正弦定理で

$S=\dfrac{1}{2}r(a+b+c)$
から
$r=\dfrac{2S}{a+b+c}$

$\dfrac{a}{\sin A}=2R$

$\dfrac{b}{\sin B}=2R$

$\dfrac{c}{\sin C}=2R$

練習 23 △ABC において，AB=4，BC=2，CA=3 とすると，$\cos A=\boxed{}$，△ABC の面積 $S=\boxed{}$，外接円の半径 $R=\boxed{}$，内接円の半径 $r=\boxed{}$ である。

〈城西大〉

24 △ABC で ∠A の2等分線の長さ

△ABC において，AB=3, AC=4, ∠A=120°, ∠A の2等分線と BC の交点を D とするとき，AD の長さを求めよ。　〈類　順天堂大〉

解　三角形の面積を考えると，△ABC＝△ABD＋△ACD

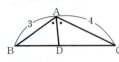

$$\frac{1}{2}\cdot 3\cdot 4\cdot \sin 120° = \frac{1}{2}\cdot 3\cdot AD\cdot \sin 60° + \frac{1}{2}\cdot 4\cdot AD\cdot \sin 60°$$

$3\sqrt{3} = \dfrac{7\sqrt{3}}{4}\cdot AD$　　∴　$AD = \dfrac{12}{7}$

アドバイス

・線分の長さを求めようとするとき，公式（余弦定理など）が使えないこともある。そんなとき，面積を比較して求められることがある。ぜひ知っておいてほしい。

これで解決！

△ABC で角の2等分線の長さ　➡　面積を考える

練習 24　△ABC において，AB=2, AC=4, ∠A=120° である。∠A の2等分線と BC の交点を D とするとき，AD=□ である。　〈北海道工大〉

25 △ABC で角の2等分線による対辺の比

△ABC で AB=3, AC=2, ∠A=60°, ∠A の2等分線と BC との交点を D とするとき，CD の長さを求めよ。　〈類　岐阜女子大〉

解

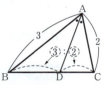

$BC^2 = 3^2 + 2^2 - 2\cdot 3\cdot 2\cdot \cos 60°$　←余弦定理
　　　$= 7$　∴　$BC = \sqrt{7}$

AD が ∠A の2等分線だから

$AB : AC = BD : DC = 3 : 2$　∴　$CD = \dfrac{2\sqrt{7}}{5}$

アドバイス

・△ABC の ∠A の2等分線が BC と交わる点を D とするとき，次の関係は重要。

これで解決！

角の2等分線と対辺の比

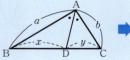

➡　$a : b = x : y$

練習 25　△ABC は AB=2, AC=3, BC=4 である。∠A の2等分線が BC と交わる点を P とするとき，BP と AP の長さを求めよ。　〈類　学習院大〉

26 覚えておきたい角の関係

(1) △ABCにおいて，AB＝4，AC＝6，∠A＝60° のとき，頂点Aと辺BCの中点Mを結ぶ線分AMの長さを求めよ．

(2) 円に内接する四角形ABCDがあり，AB＝1，BC＝$\sqrt{2}$，CD＝$\sqrt{3}$，DA＝2 とする．このとき，$\cos A$ と BD を求めよ． 〈類 埼玉大〉

(1)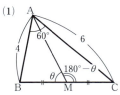

$BC^2 = 6^2 + 4^2 - 2 \cdot 6 \cdot 4 \cdot \cos 60° = 28$

∴ $BC = 2\sqrt{7}$ （BM＝CM＝$\sqrt{7}$）

$4^2 = AM^2 + (\sqrt{7})^2 - 2 \cdot AM \cdot \sqrt{7} \cos \theta$ ……①

$6^2 = AM^2 + (\sqrt{7})^2 - 2 \cdot AM \cdot \sqrt{7} \cos(180°-\theta)$ ……②

①＋② より　　　←$\cos(180°-\theta) = -\cos\theta$

$52 = 2AM^2 + 14$　∴　$AM = \sqrt{19}$

(2)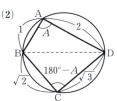

四角形ABCDは円に内接するから

∠A＋∠C＝180° である．

$BD^2 = 2^2 + 1^2 - 2 \cdot 2 \cdot 1 \cdot \cos A$ ……①

$BD^2 = (\sqrt{2})^2 + (\sqrt{3})^2 - 2 \cdot \sqrt{2} \cdot \sqrt{3} \cos(180°-A)$ ……②

①＝② より　　　←$\cos(180°-A) = -\cos A$

$5 - 4\cos A = 5 + 2\sqrt{6} \cos A$

∴　$\cos A = 0$，$BD = \sqrt{5}$

アドバイス

- (1)は中線定理 $AB^2 + AC^2 = 2(AM^2 + BM^2)$ を使って求める方法もある．しかし，中線定理を知らなくても，解答のように余弦定理を使って求められる．そのとき，単純なことだが，上図の θ と 180°$-\theta$ の関係を使えるようにしておきたい．
- (2)の円に内接する四角形の向かい合う角の和は 180° である，という定理は，円に内接する四角形の問題では，重要なファクターとなる．

これで 解決！

この角の関係は図形の問題によく使う ➡

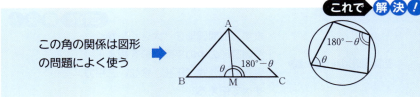

練習26 (1) △ABCにおいて，AB＝8，BC＝7，CA＝5 とする．辺BC上にPをBP＝4となるようにとる．∠BAP＝α，∠PAC＝β とするとき，$\sin\alpha : \sin\beta$ を整数の比で答えよ． 〈東北学院大〉

(2) ある円に内接する四角形ABCDがあり，AB＝2，BC＝3，CD＝4，AD＝3 である．このとき BD＝□ であり，この円の半径は □ である． 〈東京理科大〉

27 空間図形の計量

四面体 OABC において，OA＝AB＝3，OC＝5，CA＝4，
∠OAB＝90°，∠BOC＝45° とする。
(1) BC の長さを求めよ。　　(2) sin∠BAC の値を求めよ。
(3) 四面体 OABC の体積 V を求めよ。　　〈岡山理科大〉

解

(1) △OBC において，OB＝$3\sqrt{2}$ だから
$BC^2 = (3\sqrt{2})^2 + 5^2 - 2\cdot 3\sqrt{2}\cdot 5\cdot \cos 45°$
$= 13$　∴　$BC = \sqrt{13}$

←与えられた問題の図をかく。

(2) △ABC において
$\cos\angle BAC = \dfrac{4^2 + 3^2 - (\sqrt{13})^2}{2\cdot 4\cdot 3} = \dfrac{1}{2}$
∴　∠BAC＝60° だから $\sin\angle BAC = \dfrac{\sqrt{3}}{2}$

←四面体を構成しているそれぞれの三角形に注目。

(3) $\triangle ABC = \dfrac{1}{2}\cdot 4\cdot 3\cdot \sin\angle BAC$
$= \dfrac{1}{2}\cdot 4\cdot 3\cdot \dfrac{\sqrt{3}}{2} = 3\sqrt{3}$

△OAC において，OC＝5，AC＝4，OA＝3 より
$OC^2 = AC^2 + OA^2$ が成り立つ。　∴　∠OAC＝90°
OA⊥AB, OA⊥AC だから OA⊥△ABC
よって，$V = \dfrac{1}{3}\cdot \triangle ABC\cdot OA = \dfrac{1}{3}\cdot 3\sqrt{3}\cdot 3 = 3\sqrt{3}$

◢直線 l と平面 α の垂直
$\begin{matrix} l\perp m \\ l\perp n \end{matrix} \iff l\perp\alpha$

アドバイス
・空間図形といっても，平面図形の集まりである。空間図形を構成している平面図形に着目して，平面図形としてとらえればよい。
・しかし，その前に問題となる空間図形がかけなくては何を考えていいかわからない。大きく，全体がイメージできるような図をかくことが何といっても大切だ！

これで 解決!

空間図形の計量　➡
・まず，空間図形を"大きく"かく
・空間図形の中の平面図形を視よ！
・平面での公式"正弦，余弦，三平方，……"すべて使える

■**練習27** 四面体 OABC において，OA＝OB＝OC＝7，AB＝5，BC＝7，CA＝8 とする。O から平面 ABC に下ろした垂線を OH とするとき，次の問いに答えよ。
(1) ∠BAC の大きさを求めよ。　　(2) △ABC の面積を求めよ。
(3) 線分 AH の長さを求めよ。　　(4) 四面体 OABC の体積を求めよ。
〈広島工大〉

28 集合の要素と集合の決定

2つの集合 $A=\{2, 6, 5a-a^2\}$, $B=\{3, 4, 3a-1, a+b\}$ がある。
4が $A \cap B$ に属するとき, $a=\boxed{}$ または $\boxed{}$ である。
さらに, $A \cap B=\{4, 6\}$ であるとき, $b=\boxed{}$ であり
$A \cup B=\boxed{}$ である。 〈千葉工大〉

解 4が A の要素だから
$5a-a^2=4$ より $(a-1)(a-4)=0$
∴ $a=1$ または 4
$a=1$ のとき, $B=\{3, 4, 2, 1+b\}$
このとき, 2が $A \cap B$ に属するので
$A \cap B \neq \{4, 6\}$ ∴ $a=1$ は不適。
$a=4$ のとき, $B=\{3, 4, 11, 4+b\}$
$A \cap B=\{4, 6\}$ より $4+b=6$ ∴ $b=2$
このとき,
$A=\{2, 4, 6\}$, $B=\{3, 4, 6, 11\}$
よって, $A \cup B=\{2, 3, 4, 6, 11\}$

←$4 \in A \cap B$ より $4 \in A$ である。

←少なくとも a は 1 か 4 である。
（必要条件）

←$A \cap B=\{2, 4, 6\}$ となってしまう。

←A と B を具体的に求める。
（十分条件）

アドバイス
- 集合の要素を決定する問題では、まず集合 A と B の共通部分 $A \cap B$ の要素を考えるのがよい。
- 多くの場合、いくつかの場合分けが必要になってくるので、その都度 A と B の要素を求めて、$A \cap B$, $A \cup B$ を明らかにしていく。
- なお、集合の主な包含関係をベン図で表すと、次のようになる。一度確認しておく。

$\overline{A \cup B}$

$\overline{A \cap B}$

$\overline{A \cap B}=\overline{A} \cup \overline{B}$

$\overline{A \cup B}=\overline{A} \cap \overline{B}$

これで 解決！

集合 A と B の要素の決定 ➡
$A \cap B=\{\cdots, x, \cdots\} \rightarrow x \in A$ かつ $x \in B$
$A \cup B=\{\cdots, x, \cdots\} \rightarrow x \in A$ または $x \in B$

練習28 整数を集合とする2つの集合 A, B を $A=\{2, 5, a^2\}$, $B=\{4, a-1, a+b, 9\}$ とするとき, $A \cap B=\{5, 9\}$ となるような定数 a, b を求めよ。また, $A \cup B$ を求めよ。 〈広島修道大〉

29 不等式で表された集合の関係

a を正の定数とする。次の3つの集合
$A=\{x|x^2-3x+2\leqq 0\}$, $B=\{x|x^2-9<0\}$, $C=\{x|3x^2-2ax-a^2<0\}$
について，$A \subset C$ かつ $C \subset B$ が同時に成り立つとき，a の値の範囲を求めよ。 〈類 久留米大〉

解

集合 A は $x^2-3x+2\leqq 0$ より
$(x-1)(x-2)\leqq 0$ ∴ $1\leqq x\leqq 2$

集合 B は $x^2-9<0$ より
$(x+3)(x-3)<0$ ∴ $-3<x<3$

←$x^2-9<0$ を $x<±3$ と誤らない。

集合 C は $3x^2-2ax-a^2<0$ より
$(3x+a)(x-a)<0$
∴ $a>0$ だから $-\dfrac{a}{3}<x<a$

←a と $-\dfrac{a}{3}$ の大小関係は $a>0$ だから $-\dfrac{a}{3}<a$

$A \subset C$ が成り立つためには右図より
$-\dfrac{a}{3}<1$ かつ $2<a$
∴ $a>2$ ……①

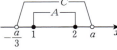

←A の両端は● で C は両端は○なので①に＝は入らない。

$C \subset B$ が成り立つためには右図より
$-3\leqq -\dfrac{a}{3}$ かつ $a\leqq 3$
∴ $a\leqq 3$ ……②

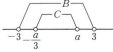

←B, C どちらも両端が○なので②の両端に＝が入ってもよい。

よって，①，②が同時に成り立つのは $2<a\leqq 3$

アドバイス

- 集合の包含関係では，不等式を題材とすることが多い。集合の要素のとりうる範囲について，含む含まれないの関係は，数直線上にとって調べるのが簡明である。
- その際，問題文に＝が入っているかいないかで，両端に＝が入るか入らないか異なるので注意しなければならない。

これで 解決！

集合の包含関係 ➡
- 不等式は数直線上に範囲を示して考える。
- 両端に＝が入るかどうかは慎重に。

練習29 k を実数とし，不等式 $x^2-2x-3>0$, $x^2-(k+1)x+k>0$ を満たす実数 x の集合をそれぞれ A, B とする。このとき，$A \subset B$ であるための必要十分条件を k を用いて表せ。 〈愛媛大〉

30 集合の要素の個数

1 から 1000 までの整数の集合を全体集合 U とする。
$A=\{x|x は 3 の倍数\}$，$B=\{x|x は 5 の倍数\}$ とするとき，$n(\overline{A} \cap \overline{B})$ を求めよ。　〈千葉経大〉

解

$1 \leq 3k \leq 1000$ より $1 \leq k \leq 333$
∴ $n(A)=333$

$1 \leq 5k \leq 1000$ より $1 \leq k \leq 200$
∴ $n(B)=200$

$1 \leq 15k \leq 1000$ より $1 \leq k \leq 66$
∴ $n(A \cap B)=66$

$n(A \cup B)=n(A)+n(B)-n(A \cap B)$
　　　　　$=333+200-66=467$
$n(\overline{A} \cap \overline{B})=n(\overline{A \cup B})=n(U)-n(A \cup B)$
　　　　　$=1000-467=\mathbf{533}$

←k を自然数として $n(A)$，$n(B)$ を求める。

←$A \cap B$ は 3 かつ 5 の倍数だから，15 の倍数。

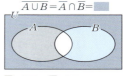

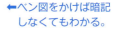

アドバイス

- 集合の包含関係や要素の個数の問題はつかみ所がなくて，学生諸君の三大アレルギー（整数，集合，絶対値）といってもいい。
- しかし，集合では，次のことを理解していればまず大丈夫だろう。

$n(A \cup B)=n(A)+n(B)-n(A \cap B)$　（最も基本となる関係式）
$n(A \cap \overline{B})=n(A)-n(A \cap B)$　$n(\overline{A} \cap B)=n(B)-n(A \cap B)$

←ベン図をかけば暗記しなくてもわかる。

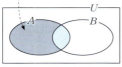 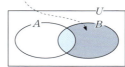

- そして，ド・モルガンの法則は「線が切れれば，∪ と ∩ の向きが変わる」と覚える。

これで 解決!

ド・モルガンの法則 ➡　　線が切れれば　向きが変わる　線が切れれば　向きが変わる
　　　　　　　　　　　　　　↓　　　　　　↓　　　　　　↓　　　　　　↓
　　　　　　　　　　　　$\overline{A \cup B} = \overline{A} \cap \overline{B}$，　$\overline{A \cap B} = \overline{A} \cup \overline{B}$

練習30 1 から 100 までの整数全体の集合を S とし，S の部分集合で，4 の倍数の集合を A，6 の倍数の集合を B とするとき，$n(A \cup B)=\boxed{}$，$n(A \cap \overline{B})=\boxed{}$，$n(\overline{A} \cap \overline{B})=\boxed{}$ である。　〈徳島文理大〉

31 「すべてとある」「またはとかつ」「少なくとも一方とともに」

次の条件の否定をいえ。

(1) 「すべての x について $ax^2+bx+c \geqq 0$」

(2) 「$a \neq 0$ かつ $b \neq 0$」 〈芝浦工大〉

(3) 「a と b のうち少なくとも一方は奇数」

解

(1) 「すべての x について $ax^2+bx+c \geqq 0$ である」
の否定は
「ある x について $ax^2+bx+c<0$ である」

┌─集合では─┐
$\overline{A \cup B} = \overline{A} \cap \overline{B}$
　または　　かつ
$\overline{A \cap B} = \overline{A} \cup \overline{B}$
　かつ　　　または
└───────┘

(2) 「$a \neq 0$ かつ $b \neq 0$」の否定は
「$a=0$ または $b=0$」

(3) 「a, b のうち少なくとも一方は奇数」の否定は
「a と b はともに偶数」

アドバイス ··

数学における条件で使われる用語の意味は,日常使っている言葉と少し違った意味になることがある。

- "すべての〜"の否定は"ある〜"であり,逆に"ある〜"の否定は"すべての〜"である。
- "ある"とは1つあればよいし,"すべて"は例外が1つあってもダメである。
- "p または q"は,p か q のどちらかという意味ではなく,"p でもよいし,q でもよいし,p と q の両方でもよい"。

これで 解決！

ある x について p ⟸ 否定 ⟹ すべての x について $\overline{p}$

p または q ⟸ 否定 ⟹ $\overline{p}$ かつ $\overline{q}$

a と b の少なくとも一方は p ⟸ 否定 ⟹ a と b はともに $\overline{p}$

($\overline{p}$, $\overline{q}$ は,それぞれ条件 p, q の否定を表す。)

練習31 (1) 次の条件の否定をいえ。

(ア) 「ある x について $x^2-2x+1 \geqq 0$ である」

(イ) 「$x>1$ または $y \geqq 2$ である」

(ウ) 「a と b はともに有理数である」

(2) 次の命題の対偶をかけ。

(ア) 「$a>b$ かつ $a+b>0$ ならば $a^2>b^2$ である」 〈広島工大〉

(イ) 「$a^2+b^2=c^2$ ならば a, b, c のうち少なくとも1つは偶数である」 〈日本大〉

32 必要条件・十分条件

次の ☐ の中に必要，十分，必要十分，必要でも十分でもない，のうち最も適する語を入れよ。ただし，x, y は実数とする。

(1) $xy=6$ は $x=2, y=3$ であるための ☐ 条件である。
(2) $x=2$ は $x^2=2x$ であるための ☐ 条件である。
(3) $x+y=0, xy=0$ は $x=0, y=0$ であるための ☐ 条件である。
(4) $x>0$ は $x \neq 1$ であるための ☐ 条件である。 〈徳島文理大〉

解
(1) $x=2, y=3$ のとき $xy=6$ だから
$xy=6 \Leftarrow x=2, y=3$ よって，**必要条件**
(2) $x^2=2x$ のとき $x=0, 2$ だから
$x=2 \Rightarrow x^2=2x$ よって，**十分条件**
(3) $x+y=0, xy=0$ のとき $x=0, y=0$ だから
$x+y=0, xy=0 \Leftrightarrow x=0, y=0$ よって，**必要十分条件**
(4) 右の数直線より
$x>0 \not\Leftrightarrow x \neq 1$ よって，**必要でも十分でもない条件**

アドバイス
- 必要条件，十分条件を集合の包含関係で示すと，右図のようになる。すなわち，
  $p \Leftarrow q$ ならば，p は q の必要条件。
  $p \Rightarrow q$ ならば，p は q の十分条件。
  $p \Leftrightarrow q$ ならば，必要十分条件。
  $p \not\Leftrightarrow q$ ならば，必要条件でも十分条件でもない。

p は q の必要条件 p は q の十分条件

- $p \Rightarrow q$ や $q \Rightarrow p$ の例は1つあればよい。しかも，特別な場合でよい。それを考えるのがここの point といえる。

これで 解決！

必要条件・十分条件 ➡
p は q の必要条件　　p は q の十分条件
$p \Leftarrow q$　　　　　　$p \Rightarrow q$
反例は特別な場合を考えよ。

練習32 次の空欄に，必要条件である，十分条件である，必要十分条件である，必要条件でも十分条件でもない，の中から適するものを選べ。ただし，x, y は実数とする。
(1) 「$x>0$」は「$x^2 \geq 0$」であるための ☐ 。
(2) 「$x=0$」は「$x^2+y^2=0$」であるための ☐ 。
(3) 「すべての x について $xy=0$ である」は「$y=0$」であるための ☐ 。
(4) 「$x^2+y^2=1$」は「$x+y=0$」であるための ☐ 。 〈慶応大〉

33 度数分布と代表値

右の表は，15人のあるゲームの得点をまとめたものである。次の問いに答えよ。

得点	1	2	3	4	5
人数	2	x	3	y	1

(1) 平均値が 2.8 のとき，x と y の値を求めよ。
(2) 中央値が 3 のとき，x のとりうる値を求めよ。
(3) 最頻値が 4 のとき，y のとりうる値を求めよ。

解 (1) データの数は 15 だから
$$2+x+3+y+1=15 \quad \therefore \quad x+y=9 \quad \cdots\cdots ①$$
← データの総数を押さえる。

平均値が 2.8 だから
$$\frac{1}{15}(1\times 2+2x+3\times 3+4y+5\times 1)=2.8$$
← $\bar{x}=\dfrac{1}{N}(x_1+x_2+\cdots+x_n)$

$$16+2x+4y=42 \quad \therefore \quad x+2y=13 \quad \cdots\cdots ②$$

①，② より $\boldsymbol{x=5, \ y=4}$

(2) データの数が 15 で，中央値が 3 だから
$2+x+3\geqq 8$ より $x\geqq 3$，$1+y+3\geqq 8$ より $y\geqq 4$

← データ数が 15 だから中央値は小さい方からも大きい方からも 8 番目にあるデータである。

① より $y=9-x\geqq 4$ $\therefore x\leqq 5$

よって，$3\leqq x\leqq 5$ より $\boldsymbol{x=3, \ 4, \ 5}$

(3) 最頻値が 4 だから $y\geqq 4$ かつ $y>x$ である。

① より $x=9-y<y$ $\therefore y>\dfrac{9}{2}$

よって，$\boldsymbol{y=5, \ 6, \ 7, \ 8, \ 9}$

アドバイス

代表値には，次の 3 つがある。
- 平均値：N 個のデータの総和を N で割った値
- 中央値（メジアン）：すべてのデータを大きさの順に並べたとき，その中央にくる値 （偶数のときは中央の 2 つの値の平均値）
- 最頻値（モード）：データの値のうち，最も多くある値

これで解決！

代表値に関する問題 ・データの総数を押さえる
・中央値，最頻値はデータ数を不等式で押さえる

■**練習33** 右の表は，20人のあるゲームの得点をまとめたものである。次の問いに答えよ。

得点	1	2	3	4	5	6	7
人数	1	3	x	3	4	2	y

(1) 平均点が 3.8 点であるとき，x，y の値を求めよ。
(2) 中央値が 4 点であるとき，x のとりうる値を求めよ。
(3) 最頻値が 3 点であるとき，x，y の値を求めよ。

34 箱ひげ図

右の箱ひげ図は，30人に実施した2つのテストAとBの結果である。次の(1)〜(3)は正しいかどうか答えよ。

(1) 四分位範囲が大きいのはAである。
(2) 40点以下はAの方が多い。
(3) 80点以上はBの方が多い。

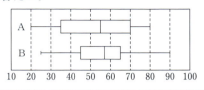

解

(1) Aの四分位範囲は $Q_3 - Q_1 = 70 - 35 = 35$ ←四分位範囲は箱の長さ
　　Bの四分位範囲は $Q_3 - Q_1 = 65 - 45 = 20$
　よって，正しい。

(2) Aは $Q_1 = 35$ だから40点以下は8人以上いる。　←Q_1 は小さい方から8番目
　　Bは $Q_1 = 45$ だから40点以下は7人以下である。
　よって，正しい。

(3) Aの最大値の80点は1人とは限らないし，Bの80点以上90点未満の間に1人もいないことも考えられる。
　よって，正しいとはいえない。

アドバイス

- 箱ひげ図は全体のデータを25%ずつ4つに分けて視覚化したものである。データのおよその分布状態を比較するのに適している。しかし，箱やひげの中でのデータの偏りは，表していないので注意する。
- 25%ずつ区分する値を小さい方から Q_1, Q_2, Q_3 とし，$Q_3 - Q_1$ （四分位範囲），$\dfrac{Q_3 - Q_1}{2}$ （四分位偏差）の値が大きいほど散らばりの具合が大きいといえる。

これで解決！

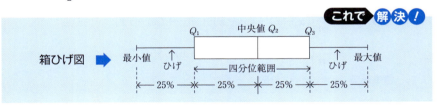

練習34 右の箱ひげ図は50人に実施した2つのテストAとBの結果である。次の(1)〜(3)について，正しいかどうか理由をつけて答えよ。

(1) 四分位偏差はAの方が大きい。
(2) 30点以下はBの方が少ない。
(3) 75点以上はAの方が多い。

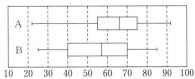

35 平均値・分散と標準偏差

右の表は5人のテストの結果である。平均値 $\overline{x}$，分散 s^2，標準偏差 s を求めよ。

生徒	A	B	C	D	E
得点	5	8	6	4	7

解 平均値 $\overline{x}=\dfrac{1}{5}(5+8+6+4+7)=\dfrac{30}{5}=6$（点） ←平均値＝$\dfrac{データの総和}{データの個数}$

分散 $s^2=\dfrac{1}{5}\{(5-6)^2+(8-6)^2+(6-6)^2+(4-6)^2+(7-6)^2\}$ ……①

↖偏差の2乗の平均。

$=\dfrac{1}{5}(1+4+0+4+1)=2$

別解 $s^2=\dfrac{1}{5}(5^2+8^2+6^2+4^2+7^2)-6^2$ ……② ←分散＝（2乗の平均）－（平均値）^{2}

$=\dfrac{190}{5}-36=2$

標準偏差 $s=\sqrt{2}≒1.41$ ←標準偏差＝$\sqrt{分散}$

アドバイス

- 平均値，分散または標準偏差は，データの分析では最も大切な指標といえる。平均値は私達が日常使っているので理解できると思う。
- 標準偏差＝$\sqrt{分散}$ は文字通りデータ全体が平均からどれぐらい分散しているかの値で小さいほどデータは平均の近くに集中し，大きいほど平均から散らばっているといえる。
- 分散を求めるには，解の①，別解の②，計算しやすい方のどちらを使ってもよい。$\overline{x}$ が整数のときは①の方が早いことがある。

これで 解決！

平均値：$\overline{x}=\dfrac{1}{n}(x_1+x_2+\cdots\cdots+x_n)$

分散：$s^2=\dfrac{1}{n}\{(x_1-\overline{x})^2+(x_2-\overline{x})^2+\cdots\cdots+(x_n-\overline{x})^2\}$ ……①

$=\dfrac{1}{n}(x_1{}^2+x_2{}^2+\cdots\cdots+x_n{}^2)-(\overline{x})^2$ ……②

標準偏差：$s=\sqrt{s^2}=\sqrt{分散}$

練習35 (1) 右の表は，サッカー選手6人のゴール数を調べたものである。平均値 $\overline{x}$，分散 s^2，標準偏差 s を求めよ。

選手	A	B	C	D	E	F
ゴール数	8	6	3	5	6	2

(2) 12個のデータがある。そのうちの6個の平均値は4，標準偏差は3であり，残りの6個のデータの平均値は8，標準偏差は5である。

(ア) 全体の平均値を求めよ。

(イ) 全体の分散を求めよ。

〈広島工大〉

36 相関係数

右の表は，5人のテスト x とテスト y の結果である。x と y の平均値と標準偏差は $\overline{x}=5$，$s_x=\sqrt{2}$，$\overline{y}=7$，$s_y=2$ である。このとき，x と y の相関係数を求めよ。

	A	B	C	D	E
x	3	5	6	4	7
y	4	7	10	6	8

解 x と y の共分散 s_{xy} は

$s_{xy} = \dfrac{1}{5}\{(3-5)(4-7)+(5-5)(7-7)+(6-5)(10-7)$
$\qquad\qquad +(4-5)(6-7)+(7-5)(8-7)\}$
$\quad = \dfrac{1}{5}(6+3+1+2) = \dfrac{12}{5}$

← $(x-\overline{x})(y-\overline{y})$ （x の平均値, y の平均値）

同じ人の x と y のデータを順番に入れて計算し，その和を求める。

よって，相関係数 r は

$r = \dfrac{s_{xy}}{s_x s_y} = \dfrac{12}{5} \cdot \dfrac{1}{\sqrt{2} \cdot 2} = \dfrac{3\sqrt{2}}{5} \fallingdotseq 0.85$　← $\sqrt{2} \fallingdotseq 1.41$

アドバイス

- 相関係数は2つの変量 x, y の関係を数値化したものである。その数値化には x, y の標準偏差 s_x, s_y の他に次の s_{xy} で表される共分散という式が加わる。

$s_{xy} = \dfrac{1}{n}\{(x_1-\overline{x})(y_1-\overline{y})+(x_2-\overline{x})(y_2-\overline{y})+\cdots\cdots+(x_n-\overline{x})(y_n-\overline{y})\}$

- 相関係数は次の式で表され，相関係数の値と散布図は次のような傾向になる。およその数値と散布図の関係は出題されることもあるので確認しておくこと。

これで解決！

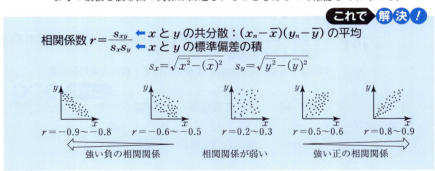

■練習36 右の表は，5人のテスト x とテスト y の結果である。次の問いに答えよ。
(1) x, y の平均値 $\overline{x}$, $\overline{y}$ と標準偏差 s_x, s_y を求めよ。
(2) x, y の共分散 s_{xy} と相関係数 r を求めよ。

	A	B	C	D	E
x	7	6	9	3	5
y	4	3	6	5	2

〈類 福岡大〉

37 順列の基本

(1) 5個の数字 0，1，2，3，4 のうち，相異なる4個の数字を用いてできる4桁の整数は全部で □ 個である。〈福岡大〉

(2) SCIENCE という単語の文字をすべて使ってできる順列は，全部で □ 通りある。〈東海大〉

(3) 5個の数字 1，2，3，4，5 がある。このとき，重複を許してできる3桁の整数は □ 個である。〈近畿大〉

解

(1) 千の位には0以外の数がくるから　4通り
残りの3つの数の並べ方は $_4P_3$
よって，$4 \times {}_4P_3 = 4 \times 24 = 96$（個）

（別解）$_5P_4 - {}_4P_3 = 96$（通り）
　← 0はこない。□□□□
　← 0が千の位にきたときの順列。
　← 0を含めて並べたときの順列。

(2) 7個の文字の中に同じCが2個，Eが2個あるから　$\dfrac{7!}{2!2!} = 1260$（通り）

(3) 百，十，一の各位には，1〜5の数がくるから，それぞれ5通りある。
よって，$5^3 = 125$（個）

1〜5の数が入る　□□□

アドバイス

- 順列の基本公式を確認した問題である。例題を通して公式の使い方をよく理解してほしい。そして，以下のことは順列や組合せを考えるときの最初のステップである。

$_nP_r$ ：異なる n 個のものから r 個とる順列の総数

$\dfrac{n!}{p!q!r!\cdots}$ ：n 個の中に，同じものがそれぞれ p 個，q 個，r 個，……含まれている場合の順列の総数

n^r ：異なる n 個のものから，重複を許して r 個とる順列の総数

これで解決！

まず確認 ➡ 　順列　すべて異なる　重複を許す
　　　　　　　と　→　と　→　と
　　　　　　組合せ　同じものを含む　重複は許さない

練習37
(1) 0，1，2，3，4，5 の6個の数字から，異なる3個を使って3桁の整数をつくる。全部で □ 個できて，そのうち偶数は □ 個できる。〈明治大〉

(2) 赤玉3個，青玉3個，白玉2個がある。1列に並べる並べ方は □ 通りある。〈中部大〉

(3) 互いに異なる5個の玉を2つの箱A，Bに分けて入れる。A，Bの箱にそれぞれ少なくとも1個の玉が入る分け方は何通りあるか。〈倉敷芸科大〉

38 いろいろな順列

A，B，C，d，e，f の 6 文字を使って，次のように 1 列に並べる並べ方は何通りあるか。
(1) 両端に大文字がくるように並べる。
(2) A，B が隣り合うように並べる。
(3) A，B，C がこの順になるように並べる。 〈類 大同大〉

解

(1) 両端に大文字がくるのは $_3P_2$
　　残りの 4 文字の並べ方は $_4P_4$
　　よって，$_3P_2 \times _4P_4 = 6 \times 24 = \mathbf{144}$（通り）

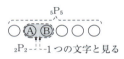

(2) A，B をまとめて 1 文字として並べる並べ方は $_5P_5$ 通り
　　AB，BA の入れかえが $_2P_2$
　　よって，$_2P_2 \times _5P_5 = 2 \times 120 = \mathbf{240}$（通り）

(3) A，B，C を同じ●として並べた後，●を左から A，B，C に置きかえればよい。
　　よって，$\dfrac{6!}{3!} = 6 \cdot 5 \cdot 4 = \mathbf{120}$（通り）

アドバイス

- 順列の中でも"両端にくる""隣り合う"は知っておかなければならない代表的なもので，両端にくるものははじめに並べ，隣り合うものは 1 つにまとめて考える。
- "A，B，C の順にくるように"は，何となく隣り合っている感じがするが，必ずしもそうではないので気をつけよう。また，"B の左に A，B の右に C がくるように"という表現も A，B，C の順と同じ意味なので要注意だ！

これで 解決！

- 両端にくる ➡ はじめに両端にくるものを並べる
- 隣り合う ➡ 隣り合うものを パック して 1 つにみる
　　　　　　　└── パックの中の入れかえも忘れずに！
- A，B，C の順序が決まっている ➡ **A**，**B**，**C** を同じものとみる

練習38 男子 4 人，女子 3 人がいる。次の並べ方は何通りあるか。
(1) 男子が両端にくるように，7 人が 1 列に並ぶのは ☐ 通り。
(2) 女子 3 人が隣り合うように，7 人が 1 列に並ぶのは ☐ 通り。
(3) 男子 A，B，C，D の 4 人が，この順に並ぶのは ☐ 通り。〈類 青山学院大〉

39 円順列

(1) hokusei の 7 文字を円形に並べる並べ方は何通りか。〈北星学園大〉
(2) 4 組の夫婦が円卓を囲む。各夫婦は隣り合ってすわるものとする。このようなすわり方は何通りか。 〈津田塾大〉
(3) 男子 4 人，女子 3 人がいる。女子の両隣りには男子がくるように 7 人が円周上に並ぶ並べ方は何通りか。 〈青山学院大〉

解

(1) 1 文字を固定すれば，残り 6 文字の順列を考えればよい。
 よって，$_6P_6=$ **720**（通り）

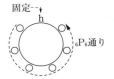

(2) 1 組の夫婦を固定すれば，残り 3 組の夫婦の並べ方は $_3P_3$
 4 組の夫婦の入れかえが 2^4 通り。
 よって，$_3P_3 \times 2^4=$ **96**（通り）

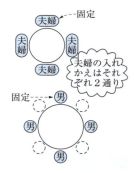

(3) まず，男子 4 人を円形に並べる並べ方は 1 人を固定して $_3P_3$
 男子の間に 3 人の女子を入れればよいからその並べ方は $_4P_3$
 よって，$_3P_3 \times _4P_3 = 6 \times 24 =$ **144**（通り）

アドバイス

- 円順列の基本は，最初に 1 つを固定することである。1 つを固定すれば，あとは普通に 1 列に並べることを考えればよい。
- 2 人が向かい合う場合は，向かい合う 2 人を固定して，残りを並べればよい。
- 同じものを含む場合は左右対称になるパターンが出てくるから，左右対称になる数だけは 2 で割ることになる。

これで解決！

円順列 ⇒ まず，1 つを固定する
（同じものを含むときは，左右対称形に注意する。）

練習39 (1) 先生 2 人と生徒 4 人の合計 6 人が円形のテーブルに向って座るとき，先生 2 人が隣り合うような座り方は全部で □ 通りある。 〈東北工大〉
(2) 1 から 10 までの 10 枚の番号札を，偶数と奇数が交互になるように円形に並べるとき，並べ方は □ 通りある。 〈福岡大〉
(3) 正六角柱の各面を 7 色すべてを使って塗り分ける。上面と底面は同じ色で塗るものとすると □ 通りの塗り方がある。 〈同志社女子大〉

40 組合せの基本

10人の中から5人を選ぶとき，次の選び方は何通りあるか。
(1) 特定の2人を含む選び方。　(2) 特定の3人を含まない選び方。
(3) 特定の3人のうち，少なくとも1人は含まれるような選び方。

〈類　日本大〉

解

(1) 10人から特定の2人を除いた8人から3人を選べばよいから　←特定の2人は始めから除いて（既に選ばれている）考える。

$$_8C_3 = \frac{8\cdot 7\cdot 6}{3\cdot 2\cdot 1} = \mathbf{56} \text{（通り）}$$

(2) 特定の3人が選ばれないのは，この3人を除いた7人から5人を選べばよい。

$$_7C_5 = \frac{7\cdot 6}{2\cdot 1} = \mathbf{21} \text{（通り）}$$

(3) 10人から5人を選ぶ総数から，特定の3人が選ばれない場合を除けばよい。

10人から5人を選ぶのは

$$_{10}C_5 = \frac{10\cdot 9\cdot 8\cdot 7\cdot 6}{5\cdot 4\cdot 3\cdot 2\cdot 1} = 252 \text{（通り）}$$

よって，$252 - 21 = \mathbf{231}$（通り）

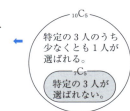

アドバイス

- 組合せの問題で，特定のものが選ばれたり，選ばれなかったりする場合がある。その場合は，特定のものをはじめから除いて考える。
- 少なくとも……は，補集合の考え方を利用するのが一般的だ。……以上，……以下も，どちらを求めた方が簡単になるか確かめるとよい。

これで解決！

必ず｛選ばれる／選ばれない｝特定のもの ➡ はじめから除外して考える。

少なくとも～を1つ含む ➡ （全体の総数）−（～を含まない数）

練習40　1から20までの整数の中から異なる3個を選ぶとき，次の問いに答えよ。
(1) 奇数が2個で偶数が1個である選び方は □ 通りである。
(2) 1が含まれる選び方は □ 通りである。
(3) 1と10は含まれない選び方は □ 通りである。
(4) 奇数が少なくとも1個含まれる選び方は □ 通りある。

〈類　大阪工大〉

41 組の区別がつく組分けとつかない組分け

12冊の異なる本を次のように分ける方法は何通りあるか。
(1) 5冊，4冊，3冊の3組に分ける。
(2) 4冊ずつ3人の子供に分ける。
(3) 4冊ずつ3組に分ける。
(4) 8冊，2冊，2冊の3組に分ける。　〈東京理科大〉

解
(1) 12冊から5冊選ぶ方法は $_{12}C_5$
残りの7冊から4冊選ぶ方法は $_7C_4$，残りの3冊は自動的に決まる。
よって，$_{12}C_5 \times _7C_4 \times 1 = \mathbf{27720}$（通り）

(2) 3人の子供をA，B，Cとすると
Aに4冊選ぶ方法は $_{12}C_4$
Bに4冊選ぶ方法は $_8C_4$
Cの4冊は自動的に決まる。
よって，$_{12}C_4 \times _8C_4 \times 1 = \mathbf{34650}$（通り）

(3) (2)でA，B，Cの区別をなくすと，同じ分け方が $_3P_3 = 3!$ 通りでてくる。
よって，$_{12}C_4 \times _8C_4 \times 1 \div 3! = \mathbf{5775}$（通り）

(4) 8冊，2冊，2冊に分けると，2冊の組は区別がつかない。
よって，$_{12}C_8 \times _4C_2 \times 1 \div 2! = \mathbf{1485}$（通り）

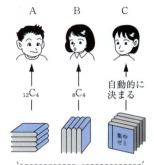

A，B，Cの区別をなくすと，同じ分け方が $_3P_3 = 3!$ 通りでてくる。

アドバイス
- 組分けの問題では，組の区別がつくかどうかがpointになる。(1)では冊数が5冊，4冊，3冊と異なるので数の違いによる組の区別ができる。(2)は同じ4冊であっても，どの子供に分けるかで区別がつく。
- (3)は冊数が同じなので組の区別はつかない。(4)では2冊，2冊の組だけが区別がつかない。このような場合は，区別のつかない組の数の階乗で割ることになる。

これで解決！

組分け ┬ 組の区別がつく　➡　$_nC_r$ で順次選んでいけばよい。
　　　└ 組の区別がつかない　➡　$_nC_r$ で順次選んでいき，それから組の区別がつかない数の階乗で割る。

練習41 9枚の異なるカードを2枚，3枚，4枚の3組に分ける分け方は □ 通りである。また，1枚，4枚，4枚の3組に分ける分け方は □ 通りであり，3枚ずつの3組に分ける分け方は □ 通りである。　〈同志社大〉

数A　場合の数と確率　43

42　並んでいるものの間に入れる順列

(1)　男子 3 人，女子 5 人が 1 列に並ぶとき，男どうしが隣り合わない
ような並び方は全部で □ 通りある。　　　　　　　　　〈立教大〉

(2)　青球 7 個と赤球 4 個を，両端が青球で，赤球の両側は青球である
ように並べる並べ方は □ 通りである。　　　　　　〈類　東京電機大〉

解

(1)　5 人の女子の並べ方は　$_5P_5$　　　　　　　　←はじめに女子を並べ，その
間に男子を入れる。

◯ 女 ◯ 女 ◯ 女 ◯ 女 ◯ 女 ◯

男子の並べ方は，6 つの ◯ の中から　　　　　←異なるものを入れるから
並べ方も考える。

3 つ選んで並べる順列であるから　$_6P_3$

よって，$_5P_5 \times _6P_3 = 120 \times 120 = \mathbf{14400}$（通り）

(2)　青球 7 個の並べ方は 1 通りしかない。

● ◯ ● ◯ ● ◯ ● ◯ ● ◯ ● ◯ ●

両端が青球で，赤球の両側が青球だから，上図の　　←同じものを入れる
から場所だけ決めれ
ばよい。

◯ の 6 か所から 4 か所選んで赤球を入れればよい。

よって，$_6C_4 = \mathbf{15}$（通り）

アドバイス ・・・

- 並んでいるものの間に，別のものを入れて並べる場合，それぞれ異なるものを入れ
るのか，同じものを入れるのかによって違う。
- 同じものを入れる場合は，場所だけ選べばよいから $_nC_r$ でいい。
- 異なるものを入れる場合は選んだ場所とそこに入れる順列も関係するから $_nP_r$ で，
これは $_nC_r \times r! = _nP_r$ ということだ。

これで　解決！

並んでいるものの間に入れる順列

異なるものが間に入る　➡　$_n\mathbf{P}_r$ で並べたのと同じ

同じものが間に入る　➡　$_n\mathbf{C}_r$ で position を決定

練習42　(1)　男子 3 人，女子 4 人が 1 列に並ぶとき，男子 3 人が隣り合う並び方は □
通り，どの男子も隣り合わない並び方は □ 通りある。　　〈名城大〉

(2)　青玉 3 個，白玉 2 個，赤玉 2 個を横一列に並べるとき，次の問いに答えよ。

(ア)　並べ方は全部で □ 通りある。

(イ)　青玉 3 個が連続する並べ方は □ 通りある。

(ウ)　青玉が互いに隣り合わない並べ方は □ 通りある。　　〈類　神戸学院大〉

43 順列，組合せの図形への応用

右の図のような道路において，AからB
へ行く最短の道順のうち，PまたはQを通
る道順は何通りあるか。　　〈千葉大〉

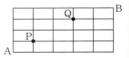

解

A～P～Bの道順は　$2 \times \dfrac{7!}{4!3!} = 70$（通り）……①

A～Q～Bの道順は　$\dfrac{6!}{3!3!} \times \dfrac{3!}{2!} = 60$（通り）……②

A～P～Q～Bの道順は　$2 \times \dfrac{4!}{2!2!} \times \dfrac{3!}{2!} = 36$（通り）……③

求める道順は　①＋②－③＝70＋60－36＝**94**（通り）

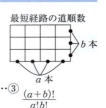

最短経路の道順数　$\dfrac{(a+b)!}{a!b!}$

アドバイス

- 図形を題材にした組合せの問題では，どのようにすると図形ができるのかを覚えておかないと画一的に $_nC_r$ では求められない場合も多い。
- 例題以外にも次の考え方は知っておきたい。さらに，条件に適するものを1つ1つ "もれなく"，"ダブらず" 数え上げることもあるので，思ったほど楽ではない。

これで解決！

縦2本，横2本を選べば1つの平行四辺形ができる。

同一直線上にない3点を選べば三角形が1つできる。

2頂点を選べば対角線が1本引ける。（多角形の辺は除く。）

3本の直線を選べば三角形が1つできる。（ただし，どの2直線も平行でなく，どの3直線も1点で交わらないとき。）

練習43 (1) 右図のような道に沿ってA地点からB地点まで進むとき，最短経路は何通りあるかを求めると□通り。　〈小樽商大〉

(2) 正八角形 ABCDEFGH について，次のものの総数を求めよ。
　(i) 3つの頂点を結んでできる三角形。
　(ii) 3つの頂点を結んでできる三角形で，正八角形と共有する辺をもつもの。
　(iii) 4つの頂点を結んでできる四角形で，正八角形と共有する辺をもつもの。
　　　　　　　　　　　　　　　　〈法政大〉

数A　場合の数と確率　45

44 確率と順列，組合せ

(1)　1, 2, 3, 4, 5 から相異なる 3 つの数字をとって 3 桁の整数をつくるとき，340 より大きい奇数となる確率を求めよ。　〈東京医大〉

(2)　袋の中に白球 5 個，青球 4 個，黒球 3 個が入っている。この中から 4 個取り出すとき，3 色がすべてそろって取り出される確率を求めよ。　〈東北学院大〉

解　(1)　つくられる整数は全部で $_5P_3 = 60$ 通り。

340 より大きい奇数は，次の通り。

3　4　○……1 か 5　……2 通り

3　5　①……1 だけ　……1 通り

4　○　○……1 か 3 か 5……3×3＝9 通り

残りの 3 つの数のいずれか。

5　○　○……1 か 3　……3×2＝6 通り

340 より大きい奇数は
$2+1+9+6=18$（通り）

よって，$\dfrac{18}{60} = \dfrac{3}{10}$

(2)　合わせて 12 個から 4 個取り出すときの総数は　$_{12}C_4 = 495$（通り）

3 色すべて取り出されるとき，白○，青●，黒●のどれかは 2 個取り出される。それは次の 3 つの場合である。

○ ○ ● ●
$_5C_2 \times _4C_1 \times _3C_1 = 120$

○ ● ● ●
$_5C_1 \times _4C_2 \times _3C_1 = 90$

○ ● ● ●
$_5C_1 \times _4C_1 \times _3C_2 = 60$

すなわち，$120+90+60=270$（通り）

よって，求める確率は　$\dfrac{270}{495} = \dfrac{6}{11}$

アドバイス

• 事象 A の起こる確率は，起こりうる場合の総数と事象 A の起こる場合の数との割合である。当然のことながら順列や組合せの考え方が base になる。

これで 解決！

確率 $P(A) = \dfrac{\text{事象 } A \text{ の起こる場合の数}}{\text{起こりうる場合の総数}}$　➡　順列，組合せが基本

練習44　(1)　7 個の数字 1, 2, 3, 4, 5, 6, 7 を並べて，5 桁の整数をつくるとき，奇数と偶数が交互に並ぶ確率は ▢ であり，56000 より大きくなる確率は ▢ である。　〈類　福井工大〉

(2)　赤玉 4 個，青玉 2 個，白玉 2 個が入った袋がある。この袋の中から 4 個の玉を同時に取り出すとき，赤玉が 2 個，青玉と白玉が 1 個ずつである確率は ▢，青玉の数も白玉の数も赤玉より少ない確率は ▢ である。　〈大同大〉

45 余事象の確率

> ある受験生が A, B, C 3つの大学の入学試験を受ける。これらの大学に合格する確率はそれぞれ $\frac{3}{4}$, $\frac{3}{5}$, $\frac{2}{3}$ とするとき, 少なくとも1つに合格する確率を求めよ。 〈近畿大〉

解 A, B, C の大学に合格する確率をそれぞれ $P(A)$, $P(B)$, $P(C)$ とすると, 不合格になる確率は

$$P(\overline{A}) = 1 - \frac{3}{4} = \frac{1}{4}$$

$$P(\overline{B}) = 1 - \frac{3}{5} = \frac{2}{5}$$

$$P(\overline{C}) = 1 - \frac{2}{3} = \frac{1}{3}$$

←「不合格になる」事象は「合格する」事象の余事象。

←(不合格になる確率)＝1−(合格する確率)

全部不合格になる確率は

$$P(\overline{A}) \cdot P(\overline{B}) \cdot P(\overline{C}) = \frac{1}{4} \times \frac{2}{5} \times \frac{1}{3} = \frac{1}{30}$$

←同時に起こる独立試行の確率。

よって, 少なくとも1つに合格する確率は

$$1 - \frac{1}{30} = \frac{29}{30}$$

←「少なくとも1つに合格する」事象は「全部不合格である」事象の余事象。

アドバイス

- 余事象の確率の考え方は次のような関係とともに理解しておくとよい。
  (少なくとも1本当たる確率)＝1−(全部はずれる確率)
  (〜以上になる確率)＝1−(〜より小さくなる確率)
- ある事象の確率を求めようとするとき, その事象になる場合分けが3つ以上に及ぶときは, 余事象を考えることをすすめる。

これで 解決!

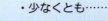

余事象の確率
$P(\overline{A}) = 1 - P(A)$ ➡ ・少なくとも……
・〜以上, 〜以下
・場合分けが3つ以上
は余事象の確率を考えよ

練習45 (1) A, B, C の3人が数学の試験で60点以上の点数を取る確率はそれぞれ $\frac{2}{5}$, $\frac{1}{2}$, $\frac{2}{3}$ であるという。この3人が一緒に数学の試験を受験したとき, 少なくとも1人が60点以上の点数を取れる確率を求めよ。 〈類 国士舘大〉

(2) 3個のさいころを投げるとき, 3個のさいころの目の積が4の倍数となる確率は □ である。 〈関西大〉

46 続けて起こる場合の確率

10本のうち2本の当たりくじがあるくじで，A，B，C の3人がこの順にくじを引くものとする。ただし，くじはもとに戻さない。
(1) A，B がともに当たる確率は ◻ である。
(2) B が当たる確率は ◻ である。
(3) C だけが当たる確率は ◻ である。 〈広島工大〉

解

(1) A が当たる確率は $\dfrac{2}{10}$，続けて B が当たる確率は $\dfrac{1}{9}$

よって，$\dfrac{2}{10} \times \dfrac{1}{9} = \dfrac{1}{45}$

> 続けて起こる確率
> 試行 T_1，T_2 の結果の事象 A_1，A_2 が続けて起こる確率は
> $P(A_1) \times P(A_2)$

(2) (i) A が当たり，B が当たる場合。(C は無関係)
これは(1)の場合である。
(ii) A がはずれ，B が当たる場合。(C は無関係)
$\dfrac{8}{10} \times \dfrac{2}{9} = \dfrac{8}{45}$

(i)，(ii)は互いに排反だから

$\dfrac{1}{45} + \dfrac{8}{45} = \dfrac{1}{5}$

← A, B が互いに排反事象であるとき
$P(A \cup B) = P(A) + P(B)$

(3) A，B がはずれ，C が当たる場合であるから

$\dfrac{8}{10} \times \dfrac{7}{9} \times \dfrac{2}{8} = \dfrac{7}{45}$

アドバイス

- くじを続けて引くときの確率のように，ある試行を続けて行う場合，1回の試行ごとに根元事象が変わることがある。
- そんなときの確率の計算は，条件つき確率になるが，基本的には，その回ごとの確率を掛けていけばよい。

これで 解決！

続けて起こる場合の確率 ➡ $P(A_1) \times P(A_2)$
（はじめに A_1，続けて A_2 が起こる確率）

■**練習46** 赤，青，白2個ずつ，合わせて6個の玉が袋に入っている袋から無作為に2個の玉を取り出し，それらが同じ色であれば手もとに残し，異なる色であれば袋に戻す。
(1) この操作をくり返し，2回目に初めて玉が手もとに残る確率を求めよ。
(2) この操作を2回くり返したとき，手もとに残る玉が2個である確率を求めよ。
(3) この操作を3回くり返したとき，すべての玉が手もとに残る確率を求めよ。

〈龍谷大〉

47 さいころの確率

3個のさいころを同時に投げるとき，次の問いに答えよ。
(1) 少なくとも2個が同じ目である確率は □ である。　〈福井工大〉
(2) 最大の目が4である確率は □ である。　〈近畿大〉

解　(1) すべて異なる目が出る確率は

$$\frac{{}_6P_3}{6^3}=\frac{120}{216}=\frac{5}{9}$$

少なくとも2個が同じ目である事象は
すべて異なる目の余事象だから

$$1-\frac{5}{9}=\frac{4}{9}$$

${}_6P_3$ で3個の数字を並べると考える

（少なくとも2個が同じ確率）＝1－（すべて異なる確率）

(2) $\boxed{\begin{array}{c}3個とも1\sim4\\のいずれかの目\end{array}} - \boxed{\begin{array}{c}3個とも1\sim3\\のいずれかの目\end{array}} = \boxed{\begin{array}{c}少なくとも1個\\は4の目が出る\end{array}}$

$$\left(\frac{4}{6}\right)^3 - \left(\frac{3}{6}\right)^3 = \frac{64-27}{216} = \frac{37}{216}$$

アドバイス

- すべて異なる目が出る確率は，右のように，1個ずつ，それぞれの確率を考えて，続けて起こる確率の計算でも求められる。
- また，3個のさいころを同時に投げることと，1個のさいころを続けて3回投げることとは，確率を考える場合は同じである。
- なお，出る目の最大値が k である確率は次の式で求まる。

$$(k\text{以下の確率})-(k-1\text{以下の確率})$$

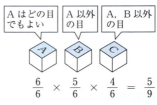
AはどのめでもよいＡ以外の目　A，B以外の目
$\dfrac{6}{6} \times \dfrac{5}{6} \times \dfrac{4}{6} = \dfrac{5}{9}$

これで解決!

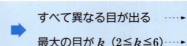
r個のさいころを投げたときの確率　→　すべて異なる目が出る　→　${}_6P_r$で数を並べる
最大の目が k ($2\leqq k\leqq 6$) →　$\left(\dfrac{k}{6}\right)^r-\left(\dfrac{k-1}{6}\right)^r$
k以下　$k-1$以下

練習47 (1) 4個のさいころを投げるとき，すべて異なる目が出る確率は □ であり，少なくとも2個が同じ目である確率は □ である。　〈類　中央大〉
(2) 3個のさいころを同時に投げる。このとき，出る目の最小値が2以上である確率は □ であり，出る目の最小値がちょうど2である確率は □ である。　〈慶応大〉

48 反復試行の確率

表の出る確率が $\dfrac{2}{3}$,裏の出る確率が $\dfrac{1}{3}$ のコインがある。このコインを5回投げたとき,次の確率を求めよ。
(1) 表が2回,裏が3回出る。　(2) 表が2回以上出る。

〈類　近畿大〉

解　(1)　5回投げて表が2回　裏が3回出るから
$${}_5C_2\left(\dfrac{2}{3}\right)^2\left(\dfrac{1}{3}\right)^3=\dfrac{10\times 4}{3^5}=\dfrac{40}{243}$$

← 1 2 3 4 5

5回のうち表が2回出る場合の数は,5回のうち2回を選ぶ ${}_5C_2$ 通り。

(2)　表が1回も出ないのは $\left(\dfrac{1}{3}\right)^5=\dfrac{1}{243}$

表が1回出るのは ${}_5C_1\left(\dfrac{2}{3}\right)\left(\dfrac{1}{3}\right)^4=\dfrac{10}{243}$

表が2回以上出るのは $1-\dfrac{1}{243}-\dfrac{10}{243}=\dfrac{232}{243}$

←余事象の確率を利用
(2回以上出る確率)
＝1−(1回以下の確率)

アドバイス

- コインやさいころ等で,同じ試行を何回もくり返す試行を**反復試行**という。
  n 回の試行で(例題では5回の試行)
  　確率 p である事象が r 回
  　確率 $1-p$ である事象が $n-r$ 回
  起こる確率は ${}_nC_r p^r(1-p)^{n-r}$ で表される。
- $p^r(1-p)^{n-r}$ はすぐ思いつくが,n 回のうち r 回起こる起こり方が ${}_nC_r$ 通りあることを忘れがちだから十分気をつけてほしい。

これで 解決!

反復試行の確率 ➡ <u>n 回の試行で,確率 p である事象が r 回起こる</u>
　　　　　　　　　　　　　↓
　　　　　　　　　　　${}_nC_r p^r(1-p)^{n-r}$

練習48 (1) 白玉3個と黒玉2個が入っている袋から玉を1個取り出し,色を調べてもとに戻す試行を5回くり返すとき,次の問いに答えよ。
　(ア) 白玉を2回取り出す確率を求めよ。
　(イ) 5回目に2回目の白玉を取り出す確率を求めよ。　〈類　立教大〉
(2) 数直線上を動く動点Pが原点Oにある。1枚のコインを投げ表が出ると正の方向に1だけ進み,裏が出ると負の方向に1だけ進むことをくり返す。コインを10回投げるとき,Pの座標が -6 となる確率は ◯ である。　〈大阪薬大〉

49 最大公約数・最小公倍数

> 2つの自然数 a, b $(a < b)$ の和が 132, 最小公倍数が 336 であるとき, 最大公約数と a, b を求めよ。 〈福岡大〉

解 a, b の最大公約数を G とすると

$a = Ga'$, $b = Gb'$ $(a'$, b' は互いに素$)$ と表せる。

$a + b = 132$ から $Ga' + Gb' = 132$

$\quad\quad \therefore\quad G(a' + b') = 12 \times 11$

また, 最小公倍数 $L = 336$ から

$\quad\quad L = Ga'b' = 336 = 12 \times 28$

11 と 28 は互いに素だから

$\quad\quad$ 最大公約数は **12**

また, $a' + b' = 11$, $a'b' = 28$ だから

a', b' は $t^2 - 11t + 28 = 0$ の解である。

$(t - 4)(t - 7) = 0$ $\quad \therefore\quad t = 4,\ 7$

$a < b$ より $a' = 4$, $b' = 7$

よって, $a = 4 \times 12 = \mathbf{48}$

$\quad\quad\quad b = 7 \times 12 = \mathbf{84}$

←a' と b' が互いに素であるとき
$\ a' + b'$ と $a'b'$ も互いに素である。

←$b' = 11 - a'$ を $a'b' = 28$ に代入
して解くと
$a'(11 - a') = 28$ より
$(a' - 4)(a' - 7) = 0$
$\therefore\ a' = 4,\ 7$

アドバイス ••

- 2つの数 12 と 18 の最大公約数は 6 だから $\ 12 = 6 \times 2$, $18 = 6 \times 3$ と表せる。ここで, 大切なのは最大公約数 6 に掛けられる 2 と 3 は互いに素であることだ。
- このように, 2つの自然数 a, b について, 最大公約数が G であるとき,
  $a = Ga'$, $b = Gb'$ と表せる。ただし, a', b' は互いに素である。
- このとき,
  最小公倍数は $\ L = Ga'b'$, $\quad a$, b の積は $\ ab = Ga' \times Gb' = LG$
  と表せる。

これで 解決!

2つの自然数 a, b の最大公約数と最小公倍数

G.C.D. $= G$
（最大公約数）

L.C.M. $= L$
（最小公倍数）

➡ $a = Ga'$
$b = Gb'$ 互いに素 ➡ $L = Ga'b'$, $ab = LG$

練習49 (1) 3桁の自然数が2つあり, その和が 756, 最大公約数が 84 である。このような自然数の組をすべて求めよ。 〈倉敷芸科大〉

(2) a, b は自然数で, $a \geq b$ とし, $a + b$ は a, b の最大公約数の 5 倍に等しく, $6ab$ は a, b の最小公倍数の 2 乗に等しい。このとき, $\dfrac{a}{b}$ を求めよ。 〈津田塾大〉

50 分数が整数になる条件

n を自然数とするとき，$\dfrac{4n+1}{2n-1}$ は整数値 a をとるものとする。a の最大値を求めよ。 〈自治医大〉

解 $a = \dfrac{4n+1}{2n-1} = 2 + \dfrac{3}{2n-1}$ と変形

a が整数となるのは $2n-1$ が 3 の約数のとき

∴ $2n-1 = \pm 1,\ \pm 3$ より $n = 1,\ 2$

よって，a の最大値は $n=1$ のとき **5**

アドバイス

- 分数で表された数が整数になるためには，例題のように分子が整数になるように変形し，分母が分子の約数になるようにする。

これで 解決！

$\dfrac{k}{m}$ が整数になる条件 ➡ m が k の約数のとき

練習50 n が整数のとき，$\dfrac{2n+1}{n-2}$ がとりうる整数値をすべて求めると ☐ である。 〈南山大〉

51 約数の個数とその総和

360 の正の約数の個数は ☐ 個であり，それらの約数の和は ☐ である。 〈芝浦工大〉

解 $360 = 2^3 \times 3^2 \times 5$ だから ←360を素因数に分解する。

約数の個数は $(3+1) \times (2+1) \times (1+1) = 4 \times 3 \times 2 = \mathbf{24}$（個）

約数の総和は $(1+2+2^2+2^3)(1+3+3^2)(1+5)$ ←すべての約数の和はこの形で表される。
$= 15 \times 13 \times 6 = \mathbf{1170}$

アドバイス

- ある数 N の約数の個数と総和については，$N = a^x b^y c^z \cdots$ と素因数に分解し，次の公式で求める。

これで 解決！

$N = a^x b^y c^z \cdots$ ➡ 約数の個数 $(x+1)(y+1)(z+1)\cdots$
約数の総和 $(1+a+\cdots+a^x)(1+b+\cdots+b^y)\cdots$

練習51 504 を素因数分解すると，$504 =$ ☐ である。また，504 の正の約数の個数は ☐ 個であり，それらの正の約数の総和は ☐ である。 〈北里大〉

52 整数の倍数の証明問題

整数 n に対して，$2n^3-3n^2+n$ が 6 の倍数であることを示せ。

〈北海道教育大〉

解　（その1）　$2n^3-3n^2+n$

$\quad\quad\quad =n(2n^2-3n+1)=n(n-1)(2n-1)$

$\quad\quad\quad =n(n-1)\{(n-2)+(n+1)\}$　　　　←$2n-1=(n-2)+(n+1)$

$\quad\quad\quad =n(n-1)(n-2)+(n-1)n(n+1)$　　　と分けて表した。

$\quad\quad\quad$連続する3整数の積は6の倍数だから

$\quad\quad\quad$与式は6の倍数である。

（その2）　$2n^3-3n^2+n=2(n^3-n)+2n-3n^2+n$　　←n^3-n を無理につくる。

$\quad\quad\quad\quad\quad\quad\quad =2(n-1)n(n+1)-3n(n-1)$　　$n^3-n=(n-1)n(n+1)$

$\quad\quad n(n-1)$ は連続する2整数の積だから2の倍数。　で，6の倍数である。

$\quad\quad$ゆえに，$3n(n-1)$ は6の倍数。

$\quad\quad(n-1)n(n+1)$ は連続する3整数の積だから6の倍数。

$\quad\quad$よって，与式は6の倍数である。

（その3）　$2n^3-3n^2+n=n(n-1)(2n-1)$ と変形すると

$\quad\quad n(n-1)$ は連続する2整数の積だから2の倍数。

$\quad\quad$整数 n は k を整数として，$n=3k,\ 3k+1,\ 3k+2$ で表せる。

$\quad\quad n=3k$ のとき　　　　n は3の倍数

$\quad\quad n=3k+1$ のとき　　$n-1=3k$ となり3の倍数

$\quad\quad n=3k+2$ のとき　　$2n-1=3(2k+1)$ となり3の倍数

$\quad\quad$よって，与式は2かつ3の倍数だから6の倍数。

アドバイス

- 整数の倍数に関する証明では，まず次のことは公式として覚えておく。

　　連続する2整数の積 $n(n+1)$，$n(n-1)$，$3n(3n+1)$ など…2の倍数

　　連続する3整数の積 $n(n+1)(n+2)$，$(2n-1)2n(2n+1)$ など…6の倍数

- 特に，6の倍数に関する証明では，次のことを実行してみるとよい。

これで 解決！

6の倍数に関する
証明問題では
- 連続する3整数の積に変形。（思いつけば早いしカッコイイ）
- n^3-n を強引につくって変形。（不思議とうまくいく）
- $n=3k,\ 3k+1,\ 3k+2$ で表す。（泥臭いが確実）

練習52　m，n を自然数として，次の問いに答えよ。

(1)　n^2+n が2で割り切れることを証明せよ。

(2)　$m^3+2n^3+3n^2-m+n$ が6で割り切れることを証明せよ。　　〈同志社大〉

数A　整数の性質　53

53 余りによる整数の分類（剰余類）

n を整数とする。n^2 を 5 で割った余りは，0 か 1 か 4 となって，2 と 3 にはならないことを示せ。　　　　　　　　　　　　　〈岩手大〉

解　任意の整数 n は，ある整数 k を用いて

$n=5k,\ 5k\pm1,\ 5k\pm2$　と表せる。

(i)　$n=5k$ のとき

$\quad n^2=(5k)^2=5\cdot5k^2=(5\text{ の倍数})$　∴　余りは 0

←$5k-1=5(k-1)+4$
$5k-2=5(k-1)+3$
と表せるから，それぞれ
"5 で割ると余りは 4 と 3"
を表す。

(ii)　$n=5k\pm1$ のとき

$\quad n^2=(5k\pm1)^2=25k^2\pm10k+1$

$\qquad\qquad=5(5k^2\pm2k)+1$

$\qquad\qquad=(5\text{ の倍数})+1$　　∴　余りは 1

(iii)　$n=5k\pm2$ のとき

$\quad n^2=(5k\pm2)^2=25k^2\pm20k+4$

$\qquad\qquad=5(5k^2\pm4k)+4$

$\qquad\qquad=(5\text{ の倍数})+4$　　∴　余りは 4

よって，(i)，(ii)，(iii)より整数の 2 乗を 5 で割った余りは

$\qquad$0 か 1 か 4 になる。

アドバイス ・・・

- 整数の問題は，漠然としていて考えづらいので，苦手としている人は多い。それは，他の分野のように式を見て具体的に考えるのとは違うからだろう。

- 整数の問題は，整数の表し方で決まるといっても過言ではない。例えば，下の表し方はよく使われるから知っておこう。

- 一般に，p の倍数に関する問題では，整数 n を次のように表して戦おう。

　　$n=pk,\ pk+1,\ pk+2,\ \cdots\cdots,\ pk+(p-1)$

これで　解決 !

倍数に関する
整数の（証明）問題
整数の表し方は　⇒

2 の倍数：$2k,\ 2k+1$

3 の倍数：$3k,\ 3k\pm1$

4 の倍数：$4k,\ 4k\pm1,\ 4k+2$

5 の倍数：$5k,\ 5k\pm1,\ 5k\pm2$

注　5 の倍数は，計算が少し面倒になるが，$5k,\ 5k+1,\ 5k+2,\ 5k+3,\ 5k+4$ と表してもよい。

■**練習53**　n を整数とする。n^2 を 4 で割った余りは，0 か 1 であることを示せ。また，4 で割ると 3 余る自然数を m とすると，m は整数 a，b を用いて $m=a^2+b^2$ と表すことができないことを示せ。　　　　　　　　　　　　　　　〈類　津田塾大〉

54 互除法

(1) 互除法を利用して，437 と 966 の最大公約数を求めよ。

(2) 互除法を利用して，等式 $42x+29y=1$ を満たす整数 x，y の組を 1 つ求めよ。

解 (1) 右の計算より

$966=437\times2+92$ ◀--- 余り 92

$437=92\times4+69$ ◀--- 余り 69

$92=69\times1+23$ ◀--- 余り 23

$69=23\times3$ ◀--- 割り切れる

$$\begin{array}{ccccc} & 3 & 1 & 4 & 2 \\ 23\overline{)69} & 69\overline{)92} & 92\overline{)437} & 437\overline{)966} \\ & 69 & 69 & 368 & 874 \\ & 0 & 23 & 69 & 92 \end{array}$$

よって，最大公約数は **23**

(2) $42=29\times1+13$ ·····▶ $13=42-29\times1$ ······①

$29=13\times2+3$ ·····▶ $3=29-13\times2$ ······②

$13=3\times4+1$ ·····▶ $1=13-3\times4$ ······③

③に，②，①を順々に代入すると

$1=13-(29-13\times2)\times4$ ◀③の 3 に②を代入。

$=13-29\times4+13\times8$

$=13\times9+29\times(-4)$ ◀13 に①を代入。

$=(42-29\times1)\times9+29\times(-4)$ ◀42 と 29 を残す。

$=42\times9+29\times(-13)$ ∴ $42\times9+29\times(-13)=1$

よって，x，y の組の 1 つは

$x=9$，$y=-13$

アドバイス ••

• 互除法は，大きい方の数を小さい方の数で割り，余りが出たらその余りで割った数を割る。余りが出たらさらに割った数を割り，割り切れたときの値が最大公約数になる仕組みである。

• (2)は同様な方法で，42 と 29 が互いに素だから最後に余りが 1 になるようにする。

これで 解決！

互除法 ▶ (大きい数)÷(小さい数) を計算。"余りで，割った方の数を割る" これを割り切れるまでくり返す。

■**練習54** (1) 20853 と 3843 の最大公約数を求めよ。　　　　〈同志社大〉

(2) 互除法を利用して，次の等式を満たす整数 x，y の組を 1 つ求めよ。

(ア) $89x+29y=1$ 　〈岩手大〉　(イ) $17x+22y=1$ 　　〈類 富山大〉

数A　整数の性質　55

55　不定方程式 $ax+by=c$ の整数解

不定方程式 $7x-5y=12$ を満たす x，y の整数解をすべて求めよ。

〈関西学院大〉

解

$7x-5y=12$ の整数解の１つは

$x=1$，$y=-1$ だから　　　　　　　　　←整数解を１つみつける。

$7x-5y=12$　……①

$7\cdot1-5\cdot(-1)=12$　……②　とする。　←$x=1$，$y=-1$ を代入した式をかく。

①－②より

$7(x-1)-5(y+1)=0$

$7(x-1)=5(y+1)$

７と５は互いに素だから k を整数として　←$ax=by$ で a と b が

$x-1=5k$，$y+1=7k$　と表せる。　　　　互いに素であるとき

よって，$\boldsymbol{x=5k+1}$，$\boldsymbol{y=7k-1}$（k は整数）　$x=bk$，$y=ak$（k は整数）と表せる。

アドバイス ・・・

- $ax+by=c$ を満たす整数解を求めるには，まず，１組の整数解を求めて，もとの方程式に代入する。それから解答のように辺々を引けば，互いに素であることを利用して容易に求まる。

- １組の解は，直感的に求まればよいが，係数が大きくなるとなかなか求めにくいこともある。そんな時は，次のように x か y で解いて，割り切れる性質（整除性という）を利用するとよい。

$7x-5y=12$　より　$y=\dfrac{7x-12}{5}=x-2+\boxed{\dfrac{2x-2}{5}}$　割り切れるような x を求める。$x=1$，6，-4 など

$x=1$ のとき，割り切れて，このとき $y=-1$（x と y の組は何でもよい。）

これで 解決！

$ax+by=c$　……①　を満たす整数解は

$ax_0+by_0=c$　……②　となる $(x_0,\ y_0)$ を１組みつける。

①－②より，　$a(x-x_0)+b(y-y_0)=0$　をつくる。

解は，$x=-bk+x_0$，$y=ak+y_0$（k は整数）となる。

練習55　(1)　x，y は $7x+11y=1$ を満たす整数であるとき，$|x+y|$ が最小となる x，y の組は $(x,\ y)=\boxed{}$ である。　〈日本獣医生命科学大〉

(2)　13で割ると４余り，15で割ると７余る最も小さい正の整数は $\boxed{}$ である。

〈上智大〉

56 不定方程式 $xy+px+qy=r$ の整数解

$xy+3x+2y+1=0$ を満たす整数の組 (x, y) をすべて求めよ。

〈類　東京薬大〉

解　$xy+3x+2y+1=0$ を変形して
$(x+2)(y+3)-6+1=0$
$(x+2)(y+3)=5$
x, y は整数だから
$(x+2)(y+3)=5$ となるのは，次の4組

$x+2$	1	5	-1	-5
$y+3$	5	1	-5	-1

これを満たす (x, y) の組は
$(x, y)=(-1, 2), (3, -2),$
　　　　$(-3, -8), (-7, -4)$

← x, y の係数を考えて左辺を下の形にする。
$xy+3x+2y+1=0$
　　　$3x$
　　　$2y$
$(x+2)(y+3)-6+1=0$
　　　　　　6　← 6 を引いて相殺

← 表をつくって (x, y) の組を求めるのがわかりやすい。例えば
$\begin{cases} x+2=1 \\ y+3=5 \end{cases}$ のとき $\begin{matrix} x=-1 \\ y=2 \end{matrix}$

別解　$xy+3x+2y+1=0$
$x(y+3)+2(y+3)-5=0$
$(x+2)(y+3)=5$

← $xy+3x$ を x でくくる。
← $x(y+3)$ に合わせて $2y+1$ を $2(y+3)-5$ と変形する。

アドバイス

- 不定方程式を，適当な整数を代入して解く方法はよくない。このような不定方程式は与式を (整数)×(整数)=(整数) として，整数の組合せを考える。
- xy に係数がある場合は，次のように係数と同じ数を掛けて変形する。
$2xy+x+y=1 \xrightarrow[\text{に掛けて}]{\text{2 を両辺}} 4xy+2x+2y=2 \longrightarrow (2x+1)(2y+1)=3$
- 分数のときの変形は，分母を払って次のようにすればよい。
$\dfrac{1}{x}+\dfrac{1}{y}=\dfrac{1}{4} \xrightarrow[\text{に掛けて}]{\text{$4xy$ を両辺}} 4x+4y=xy \longrightarrow (x-4)(y-4)=16$

$xy+px+qy=r$ の整数解　➡　$(x+q)(y+p)=c$ に変形

$\dfrac{1}{x}+\dfrac{1}{y}=\dfrac{1}{k}$ なら $xy-kx-ky=0$　➡　$(x-k)(y-k)=k^2$

注意　正の整数（自然数）は 1, 2, 3, ……，整数は 0, ±1, ±2, ±3, ……である。

練習56　(1)　$xy+2x-4y=57$ を満たす正の整数の組は $x=\boxed{}, y=\boxed{}$ と $x=\boxed{}, y=\boxed{}$ である。　〈玉川大〉

(2)　$\dfrac{1}{x}+\dfrac{1}{y}=\dfrac{1}{3}$ と $x \leqq y$ の両方を満たす自然数の組 (x, y) を求めよ。　〈愛媛大〉

数A　整数の性質　57

57　素数となる条件

n を自然数とする。n^4+4 が素数であるとき，その値はいくつか。

〈類　宮崎大〉

解　$n^4+4=(n^2+2)^2-4n^2=(n^2+2n+2)(n^2-2n+2)$

と因数分解する。n が自然数だから

← n^4+4 は 1 と n^4+4 以外に約数をもたないから小さい方が 1 になる。

$n^2+2n+2>n^2-2n+2>0$ であり

n^4+4 が素数なので $n^2-2n+2=1$　である。

$(n-1)^2=0$ より　$n=1$　　よって，**5**

アドバイス

• 素数をテーマにした問題では，まず次の点を考えるとよい。素数は 1 とその数以外に約数をもたない数だから，因数分解したとき，小さい方が 1 である。

これで 解決！

N が素数のとき ➡ $N=1\times N$ or $(-1)\times(-N)$ としか表せない。

練習57　x^4+x^2+1 が素数となるような自然数 x を求めよ。　　〈玉川大〉

58　$n!$ の素因数分解と累乗

$10!$ を素因数分解すると，因数の 2 は何乗になるか。　〈類　流通科学大〉

解　$10!$ は 1 から 10 までの積だから

←$10!=1\times2\times3\times4\times5\times6\times7\times8\times9\times10$

2 の倍数は　$10\div2=5$　　　　　　より 5 個

2^2 の倍数は　$10\div2^2=2$ あまり 2　より 2 個

2^3 の倍数は　$10\div2^3=1$ あまり 2　より 1 個

（○の数だけ因数 2 がある）

よって，因数の 2 は $5+2+1=8$ 個あるから

2^8 より　　**8乗**

アドバイス

• $n!$ を $n!=a^x b^y c^z\cdots\cdots$ と素因数分解するとき，素因数 a の累乗が何乗になるかは n を a，a^2，$a^3\cdots\cdots$ で割って，例題のようにその商を合計すればよい。

これで 解決！

$n!=a^x b^y c^z\cdots\cdots$　➡　n を a，a^2，$a^3\cdots\cdots$ で割れ。

a の累乗 x は　　　　それぞれの商の和（合計）が x になる。

練習58　10^n（n は自然数）は $200!=200\times199\times\cdots\cdots\times2\times1$ を割り切る。このような n の最大値は $n=\boxed{}$ である。　〈早稲田大〉

58

59　p 進法

(1)　10 進法で 2169 と表された数を何進法で表すと 999 になるか。

〈中央大〉

(2)　ある自然数を 3 進法と 5 進法で表すと，どちらも 2 桁の数で各位の数の並びは逆になる。この数を 10 進法で表せ。　〈防衛医大〉

解

(1)　2169 を p 進法で表すと 999 だから
$9 \times p^2 + 9 \times p + 9 = 2169$　が成り立つ。
$p^2 + p + 1 = 241$　より　$p^2 + p - 240 = 0$
$(p - 15)(p + 16) = 0$, $p \geqq 10$　なので　$p = 15$
よって，**15 進法**

←999 と表される数は 10 以上の進法なので，$p \geqq 10$ である。

(2)　3 進法で表した数を $a \times 3 + b$　$(1 \leqq a \leqq 2)$
5 進法で表した数を $b \times 5 + a$　$(1 \leqq b \leqq 4)$
と表すと
$3a + b = 5b + a$　より，$a = 2b$
$1 \leqq a \leqq 2$, $1 \leqq b \leqq 4$　だから　$a = 2$, $b = 1$
よって，10 進法で表すと $2 \times 3 + 1 = \mathbf{7}$　$(1 \times 5 + 2 = 7)$

←最高位の数は 3 進法では，1〜2　5 進法では，1〜4 である。

アドバイス ••

進法の問題ではまず，10 進法での表記の意味を理解することだ。例えば

• 10 進法では　$365.24 = 3 \times 10^2 + 6 \times 10 + 5 \times 10^0 + \dfrac{2}{10^1} + \dfrac{4}{10^2}$

5 進法では　$123.4_{(5)} = 1 \times 5^2 + 2 \times 5^1 + 3 \times 5^0 + \dfrac{4}{5}$

である。

• 逆に，10 進法で表された数を p 進法で表すには，右の 2 進法の表し方にならって，p で順次割って，余りをかき出せばよい。

〔2 進法の表し方〕

```
2) 13      余り
2)  6 …… 1 ↑
2)  3 …… 0 │
    1 …… 1
```
書く順序　$1101_{(2)}$

これで　解決！

p 進法の数を 10 進法で表すと

$$123.45_{(p)} \implies 1 \times p^2 + 2 \times p^1 + 3 \times p^0 + \dfrac{4}{p^1} + \dfrac{5}{p^2}$$

■練習59 (1)　$21201_{(3)} + 623_{(7)}$ を計算し，5 進法で表せ。　〈広島修道大〉

(2)　10 進法の 2457 を何進法かで表すと 999 となる。それは何進法か。　〈中央大〉

(3)　7 進法で表すと abc，11 進法で表すと cba となる整数を 10 進法で表せ。

〈神戸学院大〉

60 円周角，接弦定理，円に内接する四角形

下の図において，x と y の値を求めよ。ただし，l, l' は接線である。

(1) 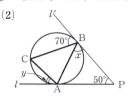 (2) 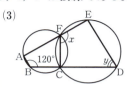 (3)

解

(1) $\angle APB = \angle AQB$　だから　$x = 55°$　　　←弧 AB に対する円周角。
　　$\angle AOB = 2\angle APB$　だから　$y = 110°$　　←中心角は円周角の2倍。

(2) $PA = PB$ だから，$\triangle PAB$ は二等辺三角形
　　$\therefore \ x = \dfrac{1}{2}(180° - 50°) = \mathbf{65°}$
　　$\angle ABC = 180° - (65° + 70°) = 45°$
　　接弦定理より
　　　$y = \angle ABC = \mathbf{45°}$

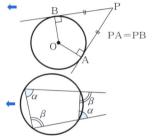

(3) $\angle ABC = \angle CFE = x = \mathbf{120°}$
　　$x + y = 180°$　より　$y = \mathbf{60°}$

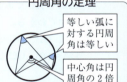

アドバイス

- 右の円周角の定理や，下の接弦定理，円に内接する四角形の性質，これらは，図形の問題の中で関連して出題されることが多い。これらの円に関する定理をしっかり理解しておこう。

円周角の定理
等しい弧に対する円周角は等しい
中心角は円周角の2倍

これで解決！

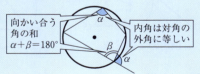

練習60　次の図において，x と y の値を求めよ。ただし，l は接線である。

(1) 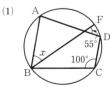　(2) 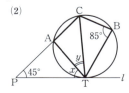　(3)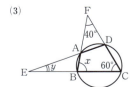

61 内心と外心

右の図において，x と y の値を求めよ。
ただし，I は内心，
O は外心である。

(1)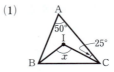
(2)

〈北海道工大〉

解
(1) $\angle ICA = \angle ICB = 25°$
∴ $\angle ACB = 50°$
$\angle ABC = 180° - (50° + 50°) = 80°$
∴ $\angle IBC = 80° \div 2 = 40°$
よって，$x = 180° - (25° + 40°) = \mathbf{115°}$

← I が内心だから，IC は $\angle ACB$ の2等分線。

← $\angle IBC = \dfrac{1}{2} \angle ABC$

(2) $\angle OAC = \angle OCA = 25°$
$\angle OAB = 55° - 25° = 30°$
よって，$y = \angle OAB = \mathbf{30°}$

← O が外心だから，△OAC，△OAB は二等辺三角形で，底角は等しい。

アドバイス
- 三角形の内心と外心で，頂角の2等分線なのか辺の垂直2等分線なのかで迷ったときは，鈍角三角形で実際に線を引いてみよう。外心は三角形の外に現れるからすぐわかる。
- OA，OB，OC は外接円の半径になるから，OA＝OB＝OC となることも忘れずに。

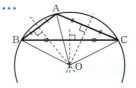

これで 解決！

内心
頂角の2等分線

外心
OA＝OB＝OC
（外接円の半径）
各辺の垂直2等分線

練習61 次の図において，x と y の値を求めよ。ただし，I は内心，O は外心とする。

(1) (2)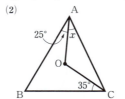
〈桃山学院大〉

(3)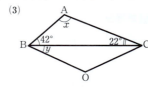
〈類 札幌学院大〉

62 方べきの定理

次の図において，x の値を求めよ。

(1) (2) 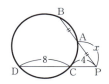 (3)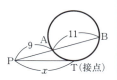

解 方べきの定理を利用する。

(1) $PA \cdot PB = PC \cdot PD$ より
  $6 \cdot 4 = 3 \cdot x$
  $\therefore\ x = 8$

(2) $PB = 2x$ だから
  $PA \cdot PB = PC \cdot PD$ より
  $x \cdot 2x = 4 \cdot 12$
  $x^2 = 24$
  $\therefore\ x = 2\sqrt{6}$

(3) $PA \cdot PB = PT^2$ より
  $9 \cdot 20 = x^2$ $\therefore\ x = 6\sqrt{5}$

アドバイス

- 円と交わる2直線が出てきたら方べきの定理を考えよう。
- 方べきの定理は，図のように点Pが円の内部にあっても，外部にあっても
  $\triangle PAC \sim \triangle PDB$
  より $PA \cdot PB = PC \cdot PD$ となる。

 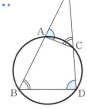

これで解決！

方べきの定理

$PA \cdot PB = PC \cdot PD$ $PA \cdot PB = PT^2$

 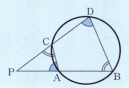 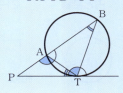

練習62 次の図において，x の値を求めよ。ただし，T，T′ は接点である。

(1) 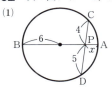 (2) 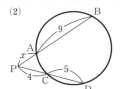 (3)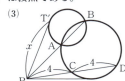

63 円と接線・2円の関係

(1), (2)は x の値を，(3)は 2 円が交わるための d の値の範囲を求めよ。

(1)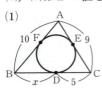
(2)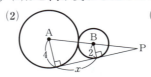
(3)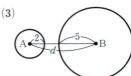

解

(1) CD＝CE＝5 だから
AE＝AF＝9－5＝4
∴ x＝BF＝10－4＝**6**

(2) 右図の △ABC において
AB＝4＋2＝6，AC＝4－2＝2
x^2＝BC^2＝6^2-2^2＝32
∴ x＝$4\sqrt{2}$

(3) 2 円が外接するとき d＝2＋5＝7
2 円が内接するとき d＝5－2＝3
∴ $3<d<7$

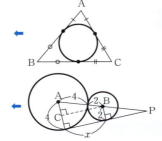

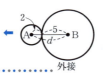

外接　　内接

アドバイス
・円や円の接線の図形的な性質を理解するためには，定規とコンパスで正確な図をかいてみることだ。そうすれば，理屈抜きに次のような図形の性質が納得できる。

これで解決！

円と接線	2円の共通接線	2円の関係

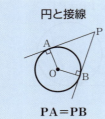 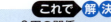

PA＝PB　　相似，三平方の定理を活用する　　外接するとき と 内接するときを押さえる

練習63 (1), (2)の x の値を求めよ。(3)は，2 円の共有点の個数を d の値で分類せよ。

(1)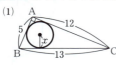
(2)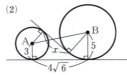
(3)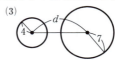

64 メネラウスの定理

右の図において,次の問いに答えよ。
(1) x と y の関係式を求めよ。
(2) 4点 B, C, E, F が同一円周上にある とき,x と y を求めよ。 〈類 宮崎大〉

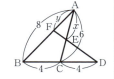

(1) △ABC と直線 FD に対して
メネラウスの定理を用いると

$$\frac{BD}{DC} \cdot \frac{CE}{EA} \cdot \frac{AF}{FB} = 1 \quad だから$$

$$\frac{8}{4} \cdot \frac{6-x}{x} \cdot \frac{y}{8-y} = 1$$

∴ $xy + 8x - 12y = 0$ ……①

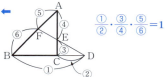

(2) 方べきの定理より
   AE・AC = AF・AB
   $x \cdot 6 = y \cdot 8$ ∴ $3x = 4y$ ……②

①,②より $x = \dfrac{4}{3}$,$y = 1$

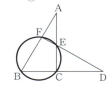

アドバイス

- メネラウスの定理は,△ABC を DF で切ったときの線分の比に関する定理である。
- 定理の出発は,重なった △ABC と △FBD の共通の頂点 B から出発すると覚えておくとよい。
- また,頂点から頂点に行く間に必ず線分の交点を通っていくことも忘れずに。

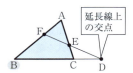

これで 解決!

メネラウスの定理

$$\frac{BD}{DC} \cdot \frac{CE}{EA} \cdot \frac{AF}{FB} = 1$$

(番号は何番から始まってもよい。)

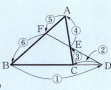

頂点から交点を経由して,次の頂点へ一回り。

■練習64 AB=BC=6,∠B=90° である直角二等辺三角形 ABC の辺 AB 上に点 D を AD=2 となるようにとり,辺 BC の中点を E,CA の中点を F とする。このとき直線 AE と BF との交点を G とすれば GF=□,直線 AE と DF との交点を H とすれば GH=□ となる。 〈摂南大〉

65 二項定理と多項定理

(1) $\left(2x^2-\dfrac{1}{2x}\right)^6$ の展開式における x^3 の係数を求めよ。 〈南山大〉

(2) $(1+3x-x^2)^8$ の展開式における x^3 の係数を求めよ。 〈明治大〉

解 (1) 一般項は ${}_6C_r(2x^2)^{6-r}\left(-\dfrac{1}{2x}\right)^r={}_6C_r 2^{6-r}(x^2)^{6-r}\left(-\dfrac{1}{2}\right)^r\left(\dfrac{1}{x}\right)^r$

$={}_6C_r 2^{6-r}\left(-\dfrac{1}{2}\right)^r x^{12-2r}x^{-r}={}_6C_r 2^{6-2r}(-1)^r x^{12-3r}$ ←係数は x と分離するとよい。

x^3 は $12-3r=3$ より $r=3$ のとき。

よって，${}_6C_3 2^0 (-1)^3=-\dfrac{6\cdot 5\cdot 4}{3\cdot 2\cdot 1}=\mathbf{-20}$

(2) 一般項は $\dfrac{8!}{p!q!r!}\cdot 1^p(3x)^q(-x^2)^r=\dfrac{8!}{p!q!r!}\cdot 3^q(-1)^r x^{q+2r}$

ただし，$p+q+r=8$，$p\geqq 0$，$q\geqq 0$，$r\geqq 0$ の整数 ……①

x^3 は $q+2r=3$ ……②　のときで，①を満たす組合せは

$(p, q, r)=(6, 1, 1), (5, 3, 0)$ ←p, q, r の組合せは，すべて求める。

よって，$\dfrac{8!}{6!1!1!}\cdot 3^1(-1)^1+\dfrac{8!}{5!3!0!}\cdot 3^3(-1)^0$

$=56\cdot(-3)+56\cdot 27=\mathbf{1344}$

アドバイス

- 二項定理，多項定理とも公式を覚えていないとどうにもならないので，必ず一般項の式を暗記しておくこと。
- 多項定理の一般項は同じものを含む順列と同じ式である。ただし，p, q, r の組合せは1通りとは限らない。
- 計算で注意することは，$\left(-\dfrac{1}{2x}\right)^r=\left(-\dfrac{1}{2}\right)^r x^{-r}$ のように，x の係数は分離させた方がまちがいがない。

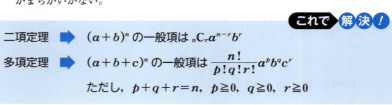

二項定理 ➡ $(a+b)^n$ の一般項は ${}_nC_r a^{n-r}b^r$

多項定理 ➡ $(a+b+c)^n$ の一般項は $\dfrac{n!}{p!q!r!}a^p b^q c^r$

ただし，$p+q+r=n$，$p\geqq 0$，$q\geqq 0$，$r\geqq 0$

練習65 (1) $\left(x-\dfrac{2}{x^2}\right)^9$ の展開式における定数項は □ で，x^3 の係数は □ である。 〈東京歯科大〉

(2) $(x^2-x+1)^{20}$ を展開したとき，x の係数は □，x^2 の係数は □ である。 〈東海大〉

66 整式の除法

$6x^4+3x^3+x^2-1$ を整式 B で割ると，商は $3x^2+2$，余りは $-2x+1$ である。B を求めよ。 〈福井工大〉

解 題意より
$6x^4+3x^3+x^2-1=B(3x^2+2)-2x+1$
$B(3x^2+2)=6x^4+3x^3+x^2+2x-2$
$B=(6x^4+3x^3+x^2+2x-2)\div(3x^2+2)$
右の割り算より
$B=\boldsymbol{2x^2+x-1}$

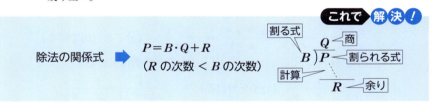

あいている項は ◯ のスペースをとること。

アドバイス
- 整式を整式で割ることは，いろいろな問題の中でよく使われる。余りを求めるだけならば，"剰余の定理"を利用できることもあるが，実際に割り算をしないと求められないこともよくある。
- この割り算は，計算の方法は難しくないが，ミスが出やすいのが特徴といえる。スペースを十分とって，確実に計算することが大切だ。なお，計算は余り R の次数が割る式 B の次数より低くなったところで止める。
- 整式 P を整式 B で割ったときの商を Q，余りを R とすると，次の除法の関係式が成り立つ。

これで解決!

除法の関係式 ➡ $P=B\cdot Q+R$
（R の次数 $<$ B の次数）

■**練習66** (1) 多項式 $A=2x^3-x^2-5x+1$ を多項式 B で割ると，商が $x+1$，余りが $2x+5$ である。B を求めよ。 〈徳島文理大〉
(2) 多項式 $f(x)=x^2-(a-1)x+a$ と $g(x)=x^3-(a+1)x^2+(5a-8)x-5a$ について，$g(x)=(x-\boxed{})f(x)+(\boxed{}a-\boxed{})x-\boxed{}a$ が成り立つ。 〈類 青山学院大〉
(3) $x=2+\sqrt{2}\,i$ のとき，$x^2-\boxed{}x+\boxed{}=0$ となり，$x^3-2x^2-2x=\boxed{}$ である。 〈成蹊大〉

67 分数式の計算

次の分数式を計算して簡単にせよ。

(1) $\dfrac{2}{x-2}+\dfrac{1}{x+1}-\dfrac{x+4}{x^2-x-2}$ 　　(2) $\dfrac{x+1+\dfrac{2}{x-2}}{x-1-\dfrac{2}{x-2}}$

〈札幌大〉　　　　　　　　　　　〈北海学園大〉

解

(1) (与式) $=\dfrac{2(x+1)}{(x-2)(x+1)}+\dfrac{x-2}{(x-2)(x+1)}-\dfrac{x+4}{(x-2)(x+1)}$ ←通分して分母を同じにする。

$=\dfrac{2x+2+x-2-(x+4)}{(x-2)(x+1)}=\dfrac{2(x-2)}{(x-2)(x+1)}=\dfrac{2}{x+1}$

(2) (与式) $=\dfrac{\left(x+1+\dfrac{2}{x-2}\right)(x-2)}{\left(x-1-\dfrac{2}{x-2}\right)(x-2)}=\dfrac{(x+1)(x-2)+2}{(x-1)(x-2)-2}$ ←分母を払うため $x-2$ を分母と分子に掛けた。

$=\dfrac{x^2-x-2+2}{x^2-3x+2-2}=\dfrac{x(x-1)}{x(x-3)}=\dfrac{x-1}{x-3}$

アドバイス

- 分数式の加法，減法では，まず，通分してから分子の計算をする。通分するには，各分母の最小公倍数を分母にするとよい。
- (2)のような分数式（繁分数式）では，分母と分子を地道に計算してもできるが，解のように分母の因数を分母と分子に掛けて，分母を払う方が早い。
- 分数式では次のような変形が有効になることがあるので知っておきたい。

これで 解決！

- 分子の次数を分母の次数より低くする

$\dfrac{x+2}{x+1}=1+\dfrac{1}{x+1}$,　$\dfrac{x^2+x+1}{x+1}=x+\dfrac{1}{x+1}$ 　（分子を分母で割る）

- 分数を分ける　　　　　　　　　　・部分分数に分ける

$\dfrac{x+y}{xy}=\dfrac{1}{x}+\dfrac{1}{y}$ 　（分子を分ける）　　$\dfrac{1}{x(x+1)}=\dfrac{1}{x}-\dfrac{1}{x+1}$

練習67 次の分数式を計算して簡単にせよ。

(1) $\dfrac{x^2-2x-3}{x^2-x-6}\times\dfrac{2x^2+4x}{x^2+2x+1}\div\dfrac{x}{x+1}$ 〈札幌学院大〉

(2) $\dfrac{b+c}{(a-b)(a-c)}+\dfrac{c+a}{(b-c)(b-a)}+\dfrac{a+b}{(c-a)(c-b)}$ 〈帝塚山学院大〉

(3) $\dfrac{2x-1}{x-1}-\dfrac{x+2}{x+1}-\dfrac{x^2+1}{x^2-1}$ 　　(4) $\dfrac{1}{1-\dfrac{1}{1-\dfrac{1}{a}}}$

〈類　昭和女子大〉　　　　　　　　　　　〈明治大〉

68 複素数の計算

$(3+i)z-5(1+5i)=0$ を満たすとき，$z=\boxed{}+\boxed{}i$ である。

〈千葉工大〉

解 $(3+i)z=5(1+5i)$ より

$$z=\frac{5(1+5i)}{3+i}=\frac{5(1+5i)(3-i)}{(3+i)(3-i)}=\frac{5(3+14i-5i^2)}{9-i^2}$$

$$=\frac{5(8+14i)}{10}=4+7i$$

←分母の虚数は共役な複素数を分母と分子に掛けて実数にする。

アドバイス

- 複素数の計算では，共役な複素数の積 $(a+bi)(a-bi)=a^2+b^2$ を使って分母を実数化する。i は普通の文字と同様に計算すればよいが，i^2 は -1 におきかえる。

これで 解決!

複素数の計算 ➡ i は文字と同様に計算，$i^2=-1$

練習68 次の式を $a+bi$ （a，b は実数）の形で表せ。

(1) $\dfrac{1}{2-i}+\dfrac{1}{3+i}$ 〈立教大〉 (2) $(1+i)^3$ 〈日本大〉

69 複素数の相等

次の等式を満たす実数 x，y を求めよ。

$(2+i)x+(3-2i)y=-9+20i$

〈上智大〉

解 $(2x+3y)+(x-2y)i=-9+20i$ と変形。

$2x+3y$，$x-2y$ は実数だから

$2x+3y=-9$ ……①，　$x-2y=20$ ……②

①，②を解いて $x=6$，$y=-7$

←$a+bi$ の形に変形。

←実部と虚部を比較。

アドバイス

- 複素数 $a+bi$ において，a を実部，b を虚部（i は含まれないから注意！）という。2つの複素数が等しいとは，それらの 実部 と 虚部 がともに等しいことである。

これで 解決!

複素数の相等 ➡ $a+bi=c+di \iff a=c,\ b=d$
　　　　　　　　$a+bi=0 \iff a=0,\ b=0$

練習69 次の等式を満たす実数 x，y を求めよ。

(1) $(-1+2i)x+(2-3i)y=2-i$ 〈静岡理工科大〉

(2) $\dfrac{x}{1-3i}+\dfrac{yi}{1+3i}=4i$ 〈立教大〉

70 解と係数の関係

> 2次方程式 $x^2+ax+b=0$ の2つの解を α, β とする。2次方程式
> $x^2+bx+a=0$ の解が $\alpha+1$, $\beta+1$ であるとき，a, b の値を求めよ。
>
> 〈東海大〉

解　$x^2+ax+b=0$　の解が α, β

だから解と係数の関係より

$\quad \alpha+\beta=-a,\ \alpha\beta=b$ ……①

$x^2+bx+a=0$　の解が $\alpha+1$, $\beta+1$ だから

$\quad \begin{cases} (\alpha+1)+(\beta+1)=-b \\ (\alpha+1)(\beta+1)=a \end{cases}$ ……②

②に①を代入して

$\quad \alpha+\beta+2=-b$　より　　$a-b=2$ ……③

$\quad \alpha\beta+\alpha+\beta+1=a$　より　$2a-b=1$ ……④

③，④を解いて　**$a=-1$，$b=-3$**

> **解と係数の関係**
>
> $ax^2+bx+c=0\ (a\neq0)$ の
> 2つの解を α, β とすると
> $$\alpha+\beta=-\frac{b}{a},\ \alpha\beta=\frac{c}{a}$$

アドバイス

- 解と係数の関係は，次の考え方と関連して，高校数学で最もよく使われる最重要公式である。2次方程式 $ax^2+bx+c=0$ について

  解を求めなくても，2つの 解の和 $\alpha+\beta=-\dfrac{b}{a}$ と 解の積 $\alpha\beta=\dfrac{c}{a}$ が求められる。

- $\alpha+\beta$ と $\alpha\beta$ は基本対称式だから，対称式の式の値を求める問題と関連して，しばしば登場する。

  $\quad \alpha^2+\beta^2=(\alpha+\beta)^2-2\alpha\beta,\ \alpha^3+\beta^3=(\alpha+\beta)^3-3\alpha\beta(\alpha+\beta)$

  解の差 $\beta-\alpha$ は $(\beta-\alpha)^2=(\alpha+\beta)^2-4\alpha\beta$ と変形して利用する。

これで 解決！

解と係数の関係 ➡ 2次方程式 $ax^2+bx+c=0$ の
2つの解が α, β のとき

$$\alpha+\beta=-\frac{b}{a},\qquad \alpha\beta=\frac{c}{a}$$

練習70 (1) a, b を実数とする。2次方程式 $x^2-ax+b=0$ は2つの虚数解 α, β をもち，$x^2+3ax+2b=0$ の解は α^2, β^2 であるとする。このとき，a, b を求めよ。

〈法政大〉

(2) $3x^2+6x-2=0$ の2つの解を α, β とするとき，次の値を求めよ。

(ア) $\alpha^2\beta+\alpha\beta^2$　　　　(イ) $(\alpha-\beta)^2$　　　　(ウ) $\alpha^3+\beta^3$　　〈九州産大〉

数Ⅱ　複素数と方程式・式と証明　69

71　解と係数の関係と2数を解とする2次方程式

方程式 $x^2-5x+3=0$ の2つの解を α, β とし，α^3, β^3 を解にもつ 2次方程式の1つを求めよ。　〈類　東洋大〉

解　解と係数の関係より　$\alpha+\beta=5$, $\alpha\beta=3$
（解の和）$=\alpha^3+\beta^3=(\alpha+\beta)^3-3\alpha\beta(\alpha+\beta)$　　←2つの解 α^3, β^3 の和と積
　　　　$=5^3-3\cdot3\cdot5=80$　　　　　を求める。
（解の積）$=\alpha^3\beta^3=(\alpha\beta)^3=3^3=27$
よって，$\boldsymbol{x^2-80x+27=0}$　　　　←x^2-（解の和）$x+$（解の積）$=0$

アドバイス ••

- 2つの数を解とする2次方程式をつくるには，解の和と解の積を求めるのがよい。 解と係数との関連でよく出題される。

これで **解決** !

●, ■を解とする2次方程式　➡　$x^2-（●+■）x+●\cdot■=0$

練習71　2次方程式 $x^2-2x+3=0$ の2つの解を α, β とするとき，$\alpha+\dfrac{1}{\beta}$, $\dfrac{1}{\alpha}+\beta$ を解 とする2次方程式は $3x^2-\boxed{}x+\boxed{}=0$ である。　〈日本歯科大〉

72　解の条件と解と係数の関係

2次方程式 $x^2-12x+k=0$ の1つの解が他の解の2乗であるとき， k の値を求めよ。　〈九州産大〉

解　2つの解を α, α^2 とおくと，解と係数の関係より
$\alpha+\alpha^2=12$ ……①，　　$\alpha\cdot\alpha^2=k$ ……②
①を解いて，$\alpha=3$, -4　　これを②に代入して
　　$\alpha=3$ のとき　$\boldsymbol{k=27}$,　　$\alpha=-4$ のとき　$\boldsymbol{k=-64}$

アドバイス ••

- 2つの解の条件が与えられているとき，解のおき方が重要なpointになる。代表的 な解のおき方には次のようなものがあるので覚えておこう。

これで **解決** !

2次方程式の　　　➡　2解の比が $m:n$ ••••→ $m\alpha$, $n\alpha$
2つの解のおき方　　　　2解の差が d ••••→ α, $\alpha+d$

練習72　p を正の実数とする。2次方程式 $x^2-px+24=0$ の2つの解の差が5であると き，$p=\boxed{}$ である。　〈大阪歯大〉

73 剰余の定理・因数定理

(1) $P(x)$ を x^2-x-2 で割ったときの商が $Q(x)$，余りが $2x+5$ のとき，$P(x)$ を $x+1$ で割った余りを求めよ。　〈静岡理工科大〉

(2) 整式 x^3+ax^2+bx-2 が x^2+x-2 で割り切れるとき，a，b の値を求めよ。　〈立教大〉

解

(1) $P(x)=(x^2-x-2)Q(x)+2x+5$　と表せる。
　　　$=(x-2)(x+1)Q(x)+2x+5$
よって，$P(-1)=2\cdot(-1)+5=\mathbf{3}$

←$P(x)$ を $x-\alpha$ で割った余りは $P(\alpha)$

(2) $P(x)=x^3+ax^2+bx-2$ とおく。
$x^2+x-2=(x+2)(x-1)$
と因数分解できるから
$P(x)$ は $x+2$ かつ $x-1$ で割り切れる。
したがって
　$P(-2)=-8+4a-2b-2=0$ より
　　$2a-b=5$ ……①
　$P(1)=1+a+b-2=0$ より
　　$a+b=1$ ……②
①，②を解いて，$\boldsymbol{a=2}$，$\boldsymbol{b=-1}$

←6 で割り切れれば，2 でも 3 でも割り切れるのと同じこと。

割り切れる ⟺ 余り 0

アドバイス

- **剰余の定理**：整式 $P(x)$ を $x-\alpha$ で割ったときの余りは（割り算しないでも）$P(x)$ に $x=\alpha$ を代入し，$P(\alpha)$ として求まる。
- **因数定理**：$P(\alpha)=0$（余りが 0）のとき $P(x)$ は $x-\alpha$ で割り切れて $x-\alpha$ を因数にもつ。つまり，$P(x)=(x-\alpha)Q(x)$ と因数分解できる。
- 整式 $P(x)$ が $(x-\alpha)(x-\beta)$ で割り切れれば，$x-\alpha$，$x-\beta$ のどちらの因数でも割り切れる。6（$=2\times3$）で割り切れる数は 2 でも 3 でも割り切れるのと同じ考え。

$P(x)$ が $(x-\alpha)(x-\beta)$ で割り切れれば　➡　$x-\alpha$ で割り切れ　$P(\alpha)=0$
　　　　　　　　　　　　　　　　　　　　　$x-\beta$ で割り切れ　$P(\beta)=0$

練習73 (1) 整式 $p(x)=x^3+2x^2+ax-1$ を $x-2$ で割ったときの余りと，$x+2$ で割ったときの余りが等しいとき，a の値と余りを求めよ。　〈南山大〉

(2) 整式 $A=3x^3+ax^2+5x+b$ は整式 $B=x^2+2x-3$ で割り切れるという。定数 a，b の値を求めよ。　〈広島県立女大〉

数II　複素数と方程式・式と証明　71

74　剰余の定理（I）（2次式で割ったときの余り）

整式 $P(x)$ を $(x-2)(x-3)$ で割ると余りは $4x$，$(x-3)(x-1)$ で割ると余りは $3x+3$ である。このとき，$P(x)$ を $(x-1)(x-2)$ で割ったときの余りを求めよ。　　　　　　　　　　　　　　　　　　　　〈東洋大〉

解　　$P(x)$ を $(x-2)(x-3)$ で割ったときの商を $Q_1(x)$，
$(x-3)(x-1)$ で割ったときの商を $Q_2(x)$ とすると

$$P(x)=(x-2)(x-3)Q_1(x)+4x \quad \cdots\cdots①$$
$$P(x)=(x-3)(x-1)Q_2(x)+3x+3 \cdots\cdots②$$

←与えられた条件から $P(x)$ を除法の関係式で表す。

$P(x)$ を $(x-1)(x-2)$ で割ったときの商を $Q(x)$，
余りを $ax+b$ とすると

$$P(x)=(x-1)(x-2)Q(x)+ax+b \cdots\cdots③$$

←2次式 $(x-1)(x-2)$ で割った余りは1次式 $ax+b$ で表せる。

①に $x=2$，②に $x=1$ を代入して

$$P(2)=8,\ P(1)=6$$

←①，②の式から $P(2)$，$P(1)$ の値が求まる。

③に $x=2,\ 1$ を代入して

$$P(2)=2a+b=8 \cdots\cdots④$$
$$P(1)=a+b=6 \cdots\cdots⑤$$

④，⑤を解いて，$a=2,\ b=4$

よって，余りは　$2x+4$

アドバイス..

- 整式 $P(x)$ を2次式 $(x-\alpha)(x-\beta)$ で割ったときの余りは，1次式以下なので $ax+b$ とおいて，$P(x)=(x-\alpha)(x-\beta)Q(x)+ax+b$ の関係式をつくる。なお，2次式が因数分解されてない場合は，$(x-\alpha)(x-\beta)$ と因数分解する。
- あとは，剰余の定理で $x-\alpha$ で割った余り $P(\alpha)$ と $x-\beta$ で割った余り $P(\beta)$ を求めて a，b の連立方程式を解けばよい。

これで　解決！

$P(x)$ を $(x-\alpha)(x-\beta)$ で割った余りは1次以下なので
➡　$P(x)=(x-\alpha)(x-\beta)Q(x)+ax+b$　とおく

練習74　(1)　整式 $P(x)$ を $x-1$ で割ると 3 余り，$x-2$ で割ると 2 余るとき，$P(x)$ を $(x-1)(x-2)$ で割った余りを求めよ。　　　　　　　　　　〈山梨大〉

(2)　整式 $P(x)$ を x^2-3x+2 で割ると $12x-5$ 余り，x^2-x-2 で割ると $2x+15$ 余る。このとき，$P(x)$ を $x-1$ で割った余りは ☐ で，x^2-1 で割った余りは ☐$x+$☐ である。　　　　　　　　　　　　　　　　　　　　　〈北里大〉

75 剰余の定理（Ⅱ）（3次式で割ったときの余り）

整式 $P(x)$ を $(x+1)^2$ で割ったときの余りは $2x+3$，また，$x-1$ で割ったときの余りは 1 である。$P(x)$ を $(x+1)^2(x-1)$ で割ったときの余りを求めよ。　　　　　　　　　　　〈同志社大〉

解　$P(x)$ を $(x+1)^2(x-1)$ で割ったときの商を $Q(x)$，余りを ax^2+bx+c とすると

$$P(x)=(x+1)^2(x-1)Q(x)+ax^2+bx+c\ \cdots\cdots Ⓐ\quad とおける。$$

Ⓐを $(x+1)^2$ で割ると〰〰の部分は $(x+1)^2$ で割り切れ，

ax^2+bx+c を $(x+1)^2$ で割ると，
右の計算より余りは $(b-2a)x+c-a$
$(b-2a)x+c-a=2x+3$ より

$$b-2a=2\ \cdots\cdots ①,\quad c-a=3\ \cdots\cdots ②$$

また，$P(x)$ を $x-1$ で割ったときの余りが 1 だから
Ⓐに $x=1$ を代入して，

$$P(1)=a+b+c=1\ \cdots\cdots ③$$

①，②，③を解いて，$a=-1,\ b=0,\ c=2$
よって，求める余りは　$-x^2+2$

アドバイス・・・

- 右上の割り算の結果から解答のⒶの式は $ax^2+bx+c=a(x+1)^2+2x+3$ と表せることがわかれば，いきなり

$$P(x)=(x+1)^2(x-1)Q(x)+a(x+1)^2+2x+3$$

とおいて，それから $x=1$ を代入して次のように求まる。

$$P(1)=4a+5=1\quad \therefore\ a=-1\quad より\quad 余りは -x^2+2$$

- 多くの参考書や問題集では，この方法を採用しているが，理解できないという声をよく聞くので，それに至る process を示した。
- 一般に，$P(x)$ を 2 次式で割った余りは 1 次式 $ax+b$，3 次式で割った余りは 2 次式 ax^2+bx+c とおいて考えるのが基本である。それから ax^2+bx+c の変形を考える方が理解しやすい。

$P(x)$ を（x の 3 次式）で割った余りは 2 次以下なので
➡ $P(x)=(x\ の\ 3\ 次式)Q(x)+ax^2+bx+c$ とおく

練習75　整式 $f(x)$ を $x+5$ で割ると余りが -11，$(x+2)^2$ で割ると余りが $x+3$ となる。このとき，$f(x)$ を $(x+5)(x+2)^2$ で割った余りを求めよ。　　　　　　〈立教大〉

76 因数定理と高次方程式

(1) 3次方程式 $x^3-6x^2+9x-2=0$ を解け。 〈千葉工大〉

(2) a を定数とする。3次方程式 $x^3-ax^2-(a+3)x+6=0$ の1つの解が $x=1$ であるとき，a の値と残りの解を求めよ。 〈神奈川大〉

解

(1) $P(x)=x^3-6x^2+9x-2$ とおくと
$P(2)=8-24+18-2=0$ だから，$P(x)$ は $x-2$ を因数にもつ。
$P(x)=(x-2)(x^2-4x+1)$
よって，$P(x)=0$ の解は
$x-2=0$, $x^2-4x+1=0$ より
$x=2$, $2\pm\sqrt{3}$

← $P(\alpha)=0$ となるのは，定数 -2 の約数 ± 1, ± 2 のどれかである。

(2) $P(x)=x^3-ax^2-(a+3)x+6$ とおくと
$x=1$ を解にもつから $P(1)=0$ である。
∴ $P(1)=1-a-(a+3)+6=0$ より $\boldsymbol{a=2}$
$P(x)=x^3-2x^2-5x+6$
$=(x-1)(x^2-x-6)$
$=(x-1)(x+2)(x-3)$
よって，他の解は，$\boldsymbol{x=3, -2}$

アドバイス

- 3次以上の高次方程式を解くには，次の因数定理を利用するのが主流である。
  因数定理：「$P(\alpha)=0 \iff$ 整式 $P(x)$ は $x-\alpha$ を因数にもつ」
- $P(\alpha)=0$ となる α は $P(x)$ の定数項の約数を代入して見つけるが，± 1 から順番に調べるのがよい。また，$4x^3-3x+1=0$ のように最高次の係数が1以外の場合は，係数の約数を分母とする分数になることがある。（この場合は $x=\dfrac{1}{2}$）

これで 解決！

高次方程式 → ・因数定理：$P(\alpha)=0 \iff P(x)=(x-\alpha)Q(x)$ を利用
$P(x)=0$ → ・因数の発見は，まず定数項の約数を代入

■**練習76** (1) 次の方程式を解け。
 (ア) $x^3+2x^2-8x-21=0$ (イ) $2x^4+5x^3+5x^2-2=0$
     〈立教大〉   〈法政大〉
(2) 方程式 $x^4+px^3+px^2+11x-6=0$ が $x=-2$ を解にもつとき，p の値と他の解を求めよ。 〈類 北海道薬大〉

77 高次方程式の解の個数

方程式 $x^3-(a+1)x^2+3ax-2a=0$ について，次の問いに答えよ。
(1) 異なる3つの実数解をもつように，a の値の範囲を定めよ。
(2) 重解をもつように a の値を定めよ。 〈類 立教大〉

解
(1) $P(x)=x^3-(a+1)x^2+3ax-2a$ とおくと
$P(1)=1-(a+1)+3a-2a=0$
∴ $(x-1)(x^2-ax+2a)=0$
$x-1=0$ ……①，$x^2-ax+2a=0$ ……②
②が①の解 $x=1$ 以外の異なる2つの実数解をもてばよいから，②の判別式は
$D=a^2-8a=a(a-8)>0$
∴ $a<0$, $8<a$
また，②が $x=1$ を解にもつとき
$1-a+2a=0$ より $a=-1$
よって，$a<-1$, $-1<a<0$, $8<a$

←定数項 $2a$ の約数を代入して，因数を見つける。

←①と②が共通な解をもつことがあることに注意する。

←②に $x=1$ を代入して，②が $x=1$ を解にもつときの a の値を求め，それを除く。

(2) ②が重解をもつとき
$D=0$ より $a=0, 8$
②が $x=1$ を解にもつとき $a=-1$
よって，$a=-1, 0, 8$

←$(x-1)^2(x+2)=0$ となる。

アドバイス
- 3次以上の方程式では，重解や異なる解をもつ場合の考え方で注意しなくてはならないことがある。例えば，
$(x-a)(x^2+bx+c)=0$ では $x-a=0$ と $x^2+bx+c=0$
が同じ解をもつことがありうる。
だから $x^2+bx+c=0$ が異なる2つの解をもっても，その中に $x=a$ があれば，隣りの $x-a=0$ の解と同じになり $x=a$ が重解になってしまう。

高次方程式の解の個数 ➡ 解が重なる場合を忘れるな
（隣りの解に御用心）

練習77 $P(x)=x^3+(a-2)x^2-(2a-1)x-2$ について，次の問いに答えよ。
(1) $P(x)$ を因数分解せよ。
(2) 方程式 $P(x)=0$ が異なる3つの実数解をもつように，a の値の範囲を定めよ。
(3) 方程式 $P(x)=0$ が重解をもつように，a の値を定めよ。また，そのときの解を求めよ。 〈類 関西学院大〉

数Ⅱ　複素数と方程式・式と証明　75

78　1つの解が $p+qi$ のとき

方程式 $x^3+ax^2+bx+6=0$（a, b は実数）の1つの解が $1+i$ のとき，a, b の値と他の2つの解を求めよ。　〈日本大〉

解　$x=1+i$ が解だから，方程式に代入すると

$(1+i)^3+a(1+i)^2+b(1+i)+6=0$

$(-2+2i)+2ai+b+bi+6=0$

$(b+4)+(2a+b+2)i=0$　　　　　　　←（実部）＋（虚部）$i=0$ の形に変形する。

$b+4$, $2a+b+2$ は実数だから

$b+4=0$ ……①,　　$2a+b+2=0$ ……②

①，②を解いて，**$a=1$, $b=-4$**

このとき，$(x+3)(x^2-2x+2)=0$　より

$x=-3$, $1\pm i$

よって，他の解は **-3, $1-i$**

別解　係数が実数だから $1+i$ が解ならば $1-i$ も解である。3つの解を $1+i$, $1-i$, γ とすると解と係数の関係より

$(1+i)+(1-i)+\gamma=-a$　　　　　　……①

$(1+i)(1-i)+(1-i)\gamma+\gamma(1+i)=b$ ……②

$(1+i)(1-i)\gamma=-6$　　　　　　　……③

③より　$2\gamma=-6$　　∴　$\gamma=-3$

①，②に代入して，**$a=1$, $b=-4$**

他の解は **-3 と $1-i$**

> **3次方程式の解と係数の関係**
> $x^3+ax^2+bx+c=0$
> の3つの解が α, β, γ とすると
> $$\begin{cases}\alpha+\beta+\gamma=-a\\\alpha\beta+\beta\gamma+\gamma\alpha=b\\\alpha\beta\gamma=-c\end{cases}$$

アドバイス

- この問題のように，方程式の解が与えられたときは，まず，解を方程式に代入するのが基本である。
- 係数が実数である方程式では，$p+qi$ が解ならば，$p-qi$ も解であることは知っておきたい。解の公式 $x=\dfrac{-b\pm\sqrt{b^2-4ac}}{2a}$ からもわかるように，$\pm\sqrt{b^2-4ac}$ の部分がペアになってでてくるからだ。

これで 解決！

係数が実数である方程式の虚数解　➡　$p+qi$ と $p-qi$
いつもペアで解になる

練習78　3次方程式 $x^3-4x^2+ax+b=0$（a, b は実数）の1つの解が $1-2i$ のとき，$a=\boxed{}$, $b=\boxed{}$ で，実数解は $\boxed{}$ である。　〈玉川大〉

79 恒等式

次の恒等式が成り立つように，a，b，c の値を定めよ。

(1) $2x^2-5x-1=a(x-1)(x-2)+b(x-2)(x-3)+c(x-3)(x-1)$
〈福岡工大〉

(2) $x^3+2x^2-4=(x+3)^3+a(x+3)^2+b(x+3)+c$ 〈東海大〉

解

(1) $2x^2-5x-1=a(x^2-3x+2)+b(x^2-5x+6)+c(x^2-4x+3)$
$=(a+b+c)x^2-(3a+5b+4c)x+2a+6b+3c$

両辺の係数を比較して　　　　　　　　　←係数比較法
　$a+b+c=2$ ……①，$3a+5b+4c=5$ ……②，$2a+6b+3c=-1$ ……③
①，②，③を解いて　**$a=1$, $b=-2$, $c=3$**

別解　$x=1, 2, 3$ を代入して　　　　　　　←数値代入法
　$-4=2b$, $-3=-c$, $2=2a$
　∴　**$a=1$, $b=-2$, $c=3$**
逆に，$a=1$, $b=-2$, $c=3$ のとき与式は恒等式になっている。

(2) $x+3=t$ とおいて，$x=t-3$ を代入。
(左辺)$=(t-3)^3+2(t-3)^2-4=t^3-7t^2+15t-13$
(右辺)$=t^3+at^2+bt+c$　　(左辺)$=$(右辺) が t の恒等式だから
　$a=-7$, $b=15$, $c=-13$

アドバイス

- (1)の恒等式の問題では，展開して両辺の係数を比較する係数比較法が多く見られる。別解のように，数値を代入して求める数値代入法は，同じ因数が何度もでてくるときや，次数が高くて展開が困難なときに有効である。
　数値代入法は必要条件なので，"逆に，…"とかいておく。
- (2)は左辺の整式を $x+α$ の整式で表すことである。その場合，$t=x+α$ とおき，$x=t-α$ として代入し，展開すると早い。
- 分数式の恒等式は，分母を払って，整式にして考えるとよい。

これで 解決！

- 恒等式 ➡ { 係数比較法……展開して左辺と右辺の係数を比較
　　　　　　　数値代入法……未知数の数だけ値を代入して式をつくる

- $x+α$ の多項式で表す ➡ $x+α=t$ とおき，$x=t-α$ として代入

練習79 次の恒等式が成り立つように a, b, c, d の値を定めよ。

(1) $x^3-9x^2+9x-4=ax(x-1)(x-2)+bx(x-1)+cx+d$ 〈立教大〉

(2) $x^3+1=(x+1)^3+a(x+1)^2+b(x+1)+c$ 〈愛知工大〉

(3) $\dfrac{9}{x^2(x+3)}=\dfrac{ax+b}{x^2}+\dfrac{c}{x+3}$ 〈東海大〉

80 条件があるときの式の値

$a+b+c=0$ のとき，$a\left(\dfrac{1}{b}+\dfrac{1}{c}\right)+b\left(\dfrac{1}{c}+\dfrac{1}{a}\right)+c\left(\dfrac{1}{a}+\dfrac{1}{b}\right)$ の値を求めよ。 〈松山大〉

解 $c=-a-b$ を代入すると　　　←c を消去する方針で計算。

$$(与式)=a\left(\dfrac{1}{b}-\dfrac{1}{a+b}\right)+b\left(-\dfrac{1}{a+b}+\dfrac{1}{a}\right)-(a+b)\left(\dfrac{1}{a}+\dfrac{1}{b}\right)$$

$$=\dfrac{a}{b}-\dfrac{a}{a+b}-\dfrac{b}{a+b}+\dfrac{b}{a}-\dfrac{a+b}{a}-\dfrac{a+b}{b}$$

$$=\dfrac{a-a-b}{b}-\dfrac{a+b}{a+b}+\dfrac{b-a-b}{a}=-3$$

別解 $(与式)=\dfrac{a}{b}+\dfrac{a}{c}+\dfrac{b}{c}+\dfrac{b}{a}+\dfrac{c}{a}+\dfrac{c}{b}$

$$=\dfrac{b+c}{a}+\dfrac{c+a}{b}+\dfrac{a+b}{c}$$

←$\begin{cases} a+b=-c \\ b+c=-a \\ c+a=-b \end{cases}$ を代入。

$$=\dfrac{-a}{a}+\dfrac{-b}{b}+\dfrac{-c}{c}=-3$$

アドバイス

- 条件式があるときの式の値や証明問題では，文字を消去する方針で計算を進めるのが基本である。とりあえず，1文字を消去するか，1つの文字に統一するかだ。これでうまくいかないとき，別の方法を考えればよい。
- 条件式が複雑なときは，計算したり因数分解したりして，条件式を簡単な形にしてから考える。
- この例題が ☐ の穴うめ問題ならば，$a=2$, $b=-1$, $c=-1$ 等の $a+b+c=0$ を満たす具体的な値を代入して求まるからその方が早い。

これで 解決!

条件式がある $\begin{cases} 式の値 \\ 式の証明 \end{cases}$ ⟹ $\begin{cases} 1文字消去 \\ 1つの文字に統一 \end{cases}$ して計算せよ

複雑な条件式はシンプルな形に

練習80 (1) $\dfrac{1}{ab}+\dfrac{1}{bc}+\dfrac{1}{ca}=0$ のとき，$a+b+c$, $\dfrac{c}{a+b}+\dfrac{a}{b+c}+\dfrac{b}{c+a}$ の値を求めよ。 〈立教大〉

(2) $\dfrac{x+y}{10}=\dfrac{y+z}{5}=\dfrac{z+x}{7}\neq 0$ のとき，$x:y:z=$ ☐ : ☐ : ☐ であり，

$\dfrac{xyz}{(x-y)(y-z)(z-x)}=$ ☐ となる。 〈武庫川女子大〉

(3) $xyz=5$ のとき，$\dfrac{5x}{xy+x+5}+\dfrac{5y}{yz+y+1}+\dfrac{25z}{xz+5z+5}$ の値を求めよ。 〈駒澤大〉

81 （相加平均）≧（相乗平均）の利用

$a>0$, $b>0$ のとき, $\left(a+\dfrac{1}{b}\right)\left(b+\dfrac{4}{a}\right)$ の最小値は □ である。
〈立教大〉

解

$\left(a+\dfrac{1}{b}\right)\left(b+\dfrac{4}{a}\right) = ab+4+1+\dfrac{4}{ab} = ab+\dfrac{4}{ab}+5$

ここで，$ab>0$，$\dfrac{4}{ab}>0$ だから（相加平均）≧（相乗平均）より

$ab+\dfrac{4}{ab} \geqq 2\sqrt{ab\cdot\dfrac{4}{ab}}=4$ （等号は $ab=\dfrac{4}{ab}$ より $ab=2$ のとき）

∴ $\left(a+\dfrac{1}{b}\right)\left(b+\dfrac{4}{a}\right) \geqq 4+5=9$ よって，最小値は **9**

アドバイス

- $x>0$, $y>0$ のとき，$\dfrac{x+y}{2}$ を相加平均，$\sqrt{xy}$ を相乗平均といい，いつでも $\dfrac{x+y}{2} \geqq \sqrt{xy}$ または $x+y \geqq 2\sqrt{xy}$ （等号は $x=y$ のとき）の関係が成り立つ。
- この関係は覚えているだけではダメで，大切なのは，どんな形のとき，どんな使われ方をしているかである。最大値，最小値を求める問題で使われることが多い。

▶（相加平均）≧（相乗平均）の主な使われ方◀

- $2x+\dfrac{1}{x} \geqq 2\sqrt{2x\cdot\dfrac{1}{x}}=2\sqrt{2}$ より

  $2x+\dfrac{1}{x}$ の最小値は $2\sqrt{2}$

- $xy=k$ のとき，$x+y \geqq 2\sqrt{xy}=2\sqrt{k}$ より

  $x+y$ の最小値は $2\sqrt{k}$

- $x+y=k$ のとき，$k=x+y \geqq 2\sqrt{xy}$

  $\dfrac{k}{2} \geqq \sqrt{xy}$ なので $\dfrac{k^2}{4} \geqq xy$ より，xy の最大値は $\dfrac{k^2}{4}$

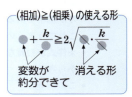

これで解決!

（相加平均）≧（相乗平均） ➡ $x+y \geqq 2\sqrt{xy}$ （等号は $x=y$ のとき）
　　　　　　　　　　　　　　　$(x>0,\ y>0)$

$X+\dfrac{A}{X}$ $(X>0)$ の最小値 ➡ $X+\dfrac{A}{X} \geqq 2\sqrt{X\cdot\dfrac{A}{X}}=2\sqrt{A}$

練習81 (1) $x=a+1$, $y=\dfrac{2}{a}$ $(a>0)$ のとき，$x+y$ の最小値は □ である。また，このときの a の値は □ である。 〈立命館大〉

(2) $(a+b)\left(\dfrac{3}{a}+\dfrac{4}{b}\right)$ $(a>0,\ b>0)$ の最小値は □ である。 〈東北学院大〉

(3) $x>0$, $y>0$ で $\dfrac{x}{2}+\dfrac{y}{3}=1$ のとき，xy の最大値は □ である。 〈神奈川大〉

82 座標軸上の点

2点 $(-1, 1)$, $(1, 5)$ から等距離にある x 軸上の点の x 座標は □ である。 〈昭和薬大〉

解 x 軸上の点を $(x, 0)$ とおくと
$$\sqrt{(x+1)^2+(-1)^2}=\sqrt{(x-1)^2+(-5)^2}$$
両辺を2乗して
$$x^2+2x+2=x^2-2x+26$$
$$4x=24 \quad \therefore \quad x=6$$

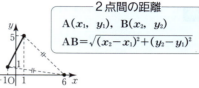

──2点間の距離──
$A(x_1, y_1)$, $B(x_2, y_2)$
$AB=\sqrt{(x_2-x_1)^2+(y_2-y_1)^2}$

アドバイス
- 座標平面上の点 P のおき方は，一般的には $P(x, y)$ とおくが，とくに座標軸上の点については次のようにおく。

これで解決!

x 軸上の点は $P(x, 0)$, y 軸上の点は $P(0, y)$

練習82 2点 $(-3, 1)$, $(5, 9)$ から等距離にある x 軸上の点を求めよ。 〈立教大〉

83 平行な直線，垂直な直線

点 $(-2, 1)$ を通り，直線 $3x-y+4=0$ に平行な直線と垂直な直線の方程式を求めよ。 〈類 日本大〉

解 直線の式は $y=3x+4$ だから傾きは 3
ゆえに，平行な直線は $y-1=3(x+2)$
$$\therefore \quad 3x-y+7=0$$
垂直条件から傾きは $m \cdot 3=-1$ より $m=-\dfrac{1}{3}$
ゆえに，垂直な直線は $y-1=-\dfrac{1}{3}(x+2)$
$$\therefore \quad x+3y-1=0$$

──直線の方程式(Ⅰ)──
点 (x_1, y_1) を通り傾き m
$y-y_1=m(x-x_1)$

アドバイス
- 2直線の平行・垂直条件は図形と式の基本だ。忘れたとはいえないぞ。

これで解決!

2直線 $\begin{cases} y=mx+n \\ y=m'x+n' \end{cases}$ ➡ 平行条件 $m=m'$
垂直条件 $m \cdot m'=-1$

練習83 点 $(3, -1)$ を通り，直線 $3x+2y-4=0$ に平行な直線の方程式は □$=0$，垂直な直線の方程式は □$=0$ である。 〈青山学院大〉

84 3点が同一直線上にある

3点 A(3, 4), B(−2, 5), C(6−a, 3) が, 同一直線上にあるなら a の値は ◻ である。　　〈明治大〉

解　2点 A, B を通る直線の方程式は
$$y - 4 = \frac{5-4}{-2-3}(x-3) \text{ より } x + 5y = 23$$
これが点 C を通るから
$$6 - a + 5 \cdot 3 = 23 \quad \therefore \quad a = -2$$

―― 直線の方程式（Ⅱ）――
2点 $(x_1, y_1), (x_2, y_2)$ を通る
$$y - y_1 = \frac{y_2 - y_1}{x_2 - x_1}(x - x_1)$$

アドバイス
- 3点が同一直線上にある条件は, 2点を通る直線の式に, 第3の点を代入すれば求められる。

3点が同一直線上にある　➡　2点を通る直線が残りの点を通る

■**練習84**　3点 A(3, 2), B(−1, 4), C(a, −2) が同一直線上にあるとき, a の値を求めよ。　　〈東亜大〉

85 三角形をつくらない条件

3直線 $y = -x + 1$, $y = 2x - 8$, $y = ax - 5$ が三角形をつくらないように, 定数 a の値を定めよ。　　〈類 愛知大〉

解　3直線の傾きは $-1, 2, a$ であり, 平行なとき
三角形はできないから $a = -1, 2$
　また, 3直線が1点で交わるとき三角形はできない。
直線 $y = -x + 1$ と $y = 2x - 8$ の交点は $(3, -2)$
これを $y = ax - 5$ に代入して $-2 = 3a - 5$　∴　$a = 1$
よって, $a = 1, 2, -1$

←2直線の交点を
　第3の直線が通る。

アドバイス
- 3直線が三角形をつくらないのは, 直線が平行なときと, 3直線が1点で交わるときである。

3直線が三角形をつくらない　➡　平行になるときと1点で交わるとき

■**練習85**　3直線 $x - 2y = 1$, $x + y = 4$, $ax - y = 0$ が三角形をつくらないとき, 定数 a の値を求めよ。　　〈類 東京薬大〉

86 点と直線の距離

(1) 点 $(2, 3)$ と直線 $3x-4y=4$ との距離を求めよ。 〈日本大〉

(2) 放物線 $y=x^2-4x+5$ 上の点 P と直線 $2x+y+3=0$ との距離の最小値および，そのときの P の座標を求めよ。 〈類 神戸大〉

解

(1) 点 $(2, 3)$ と直線 $3x-4y-4=0$ との距離は
点と直線の距離の公式より
$$\frac{|3\cdot 2-4\cdot 3-4|}{\sqrt{3^2+(-4)^2}}=\frac{|-10|}{\sqrt{25}}=2$$

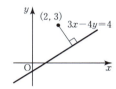

(2) 放物線上の点 P を $P(t, t^2-4t+5)$，
点 P と直線 $2x+y+3=0$ との距離を d
とすると
$$d=\frac{|2\cdot t+t^2-4t+5+3|}{\sqrt{2^2+1^2}}$$
$$=\frac{|t^2-2t+8|}{\sqrt{5}}=\frac{|(t-1)^2+7|}{\sqrt{5}}$$

よって，$t=1$ のとき d の最小値は $\dfrac{7}{\sqrt{5}}\left(\dfrac{7\sqrt{5}}{5}\right)$

また，P の座標は $\mathbf{P(1, 2)}$

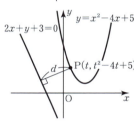

アドバイス

- 図形と方程式では，点と直線の距離の公式がいろいろな場面で使われる。公式を知らないと大変な計算をすることになるから必ず覚えておく。
- 右のように，| | の中は直線の式，$\sqrt{}$ の中は直線の係数の 2 乗と覚えるとよい。

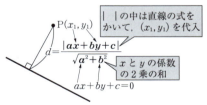

これで 解決!

点 (x_1, y_1) と 直線 $ax+by+c=0$ の距離は $\Rightarrow$ $\dfrac{|ax_1+by_1+c|}{\sqrt{a^2+b^2}}$

練習86 (1) 点 $(4, 0)$ から直線 $4x-3y+9=0$ までの距離を求めよ。 〈自治医大〉

(2) 点 $(2, 1)$ からの距離が 2 で，傾きが $-\dfrac{1}{2}$ かつ y 軸との切片が正である直線の方程式を求めよ。 〈神奈川大〉

(3) 放物線 $y=x^2$（$-1\leq x\leq 2$）上の点を P とする。直線 $x-y+2=0$ と点 P との距離を d とするとき，d の最大値とそのときの P の座標を求めよ。

〈類 芝浦工大〉

87 直線に関して対称な点

直線 $l : y = 2x - 1$ に関して，点 A(0, 4) と対称な点 B の座標を求めよ。
〈鹿児島大〉

解 点 A と対称な点を B(X, Y) とする。

直線 AB の傾きは $\dfrac{Y-4}{X-0}$ であり

直線 $y = 2x - 1$ に垂直だから

$$\dfrac{Y-4}{X-0} \cdot 2 = -1$$

∴ $X + 2Y - 8 = 0$ ……①

線分 AB の中点 $\left(\dfrac{0+X}{2}, \dfrac{4+Y}{2}\right)$ が

直線 $y = 2x - 1$ 上にあるから

$$\dfrac{4+Y}{2} = 2 \cdot \dfrac{X}{2} - 1$$

∴ $2X - Y - 6 = 0$ ……②

①，②を解いて $X = 4$, $Y = 2$

よって，**B(4, 2)**

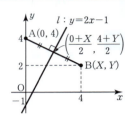

垂直条件
$m \cdot m' = -1$

中点の座標
A(x_1, y_1), B(x_2, y_2) の中点は
$\left(\dfrac{x_1+x_2}{2}, \dfrac{y_1+y_2}{2}\right)$

アドバイス

- 点 A(a, b) と直線 $y = mx + n$ に関して対称な点 B(X, Y) を求めるには，次の(i), (ii)から求める。
  (i) AB の傾き $\dfrac{Y-b}{X-a}$ が対称軸に垂直である。
  (ii) AB の中点 $\left(\dfrac{a+X}{2}, \dfrac{b+Y}{2}\right)$ が対称軸上にある。

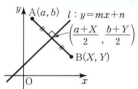

  (i), (ii)からつくられる関係式を連立させて解く。
- ここでのキーワードは"垂直と中点"だ！

これで解決！

直線に関して対称な点
（点 A(a, b) と直線 $y = mx + n$ に関して対称な点 B(X, Y) の求め方）

⟹ (i) AB は直線 $y = mx + n$ に垂直
$$\dfrac{Y-b}{X-a} \cdot m = -1$$

(ii) AB の中点が直線 $y = mx + n$ 上にある
$$\dfrac{b+Y}{2} = m \cdot \dfrac{a+X}{2} + n$$

練習87 直線 $l : y = 3x - 6$ を対称軸として，点 A(1, 2) と対称な点 B の座標を求めよ。
〈北海道医療大〉

88 kの値にかかわらず定点を通る

直線 $(2k+1)x+(k+4)y-k+3=0$ は k の値にかかわらず定点 □ を通る。 〈立教大〉

解　$(2x+y-1)k+(x+4y+3)=0$ と変形
k についての恒等式とみて
$\begin{cases} 2x+y-1=0 \cdots\cdots ① \\ x+4y+3=0 \cdots\cdots ② \end{cases}$
①,②を解いて $x=1$, $y=-1$　∴　**(1, −1)**

←k がどんな値をとっても成り立つから，k の恒等式とみる。

アドバイス

- このような k を含む直線や円の式は $f(x, y)+kg(x, y)=0$ と変形して
$\begin{cases} f(x, y)=0 \\ g(x, y)=0 \end{cases}$ の連立方程式を解くと，その解が定点となる。

これで解決!

k の値にかかわらず定点を通る　➡　k についての恒等式とみる

練習88　直線 $(k+3)x+(k-2)y+4k-3=0$ は任意の k に対して常に定点 □ を通る。 〈愛知工大〉

89 中心が直線上にある円

2点 $(2, -4)$, $(5, -3)$ を通り，中心が直線 $y=x-1$ の上にある円の方程式は □ である。 〈青山学院大〉

解　中心を $(t, t-1)$ とおくと，
$(x-t)^2+(y-t+1)^2=r^2$ とおける。
$(2, -4)$ を通るから $(2-t)^2+(-3-t)^2=r^2$ ……①
$(5, -3)$ を通るから $(5-t)^2+(-2-t)^2=r^2$ ……②
①,②より $t=2$, $r^2=25$　∴　$(x-2)^2+(y-1)^2=25$

←$y=x-1$ 上の点は，$(t, t-1)$ とおく。

アドバイス

- 直線や放物線 $y=f(x)$ 上の点は，媒介変数 t を用いて $(t, f(t))$ と表すことができる。例えば，放物線 $y=x^2$ 上の点は (t, t^2) と表せる。

これで解決!

直線(放物線) $y=f(x)$ 上の点　➡　$(t, f(t))$ とおける

練習89　2点 A$(0, 1)$, B$(4, -1)$ を通り，直線 $y=x-1$ 上に中心をもつ円の方程式を求めよ。 〈群馬大〉

90 円の接線の求め方——3つのパターン

点 $(3, 1)$ を通り，円 $x^2+y^2=5$ に接する直線の方程式は ☐ または ☐ である。 〈関西学院大〉

解

パターンⅠ：接点を (x_1, y_1) とおく方法

接点を (x_1, y_1) とおくと

$x_1{}^2+y_1{}^2=5$ ……①

接線の方程式は

$x_1 x+y_1 y=5$ ……②

②が点 $(3, 1)$ を通るから

$3x_1+y_1=5$ ……③

③を $y_1=5-3x_1$ として①に代入すると

$x_1{}^2+(5-3x_1)^2=5$ これより

$x_1{}^2-3x_1+2=0$

$(x_1-1)(x_1-2)=0$

∴ $x_1=1, 2$

③に代入して

$x_1=1$ のとき $y_1=2$，$x_1=2$ のとき $y_1=-1$

よって，$x+2y=5, 2x-y=5$

←接点 (x_1, y_1) は円 $x^2+y^2=5$ 上の点だから①が成り立つ。

> **──円の接線──**
> 円 $x^2+y^2=r^2$ 上の点 (x_1, y_1) における接線
> $x_1 x+y_1 y=r^2$

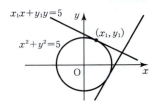

←x_1, y_1 の値を②に代入する。

パターンⅡ：傾きを m とおいて，判別式の利用

点 $(3, 1)$ を通る傾き m の直線は

$y=m(x-3)+1$

$x^2+y^2=5$ に代入して

$x^2+(mx-3m+1)^2=5$

$x^2+m^2x^2+9m^2+1-6m^2x-6m+2mx=5$

$(m^2+1)x^2-(6m^2-2m)x+9m^2-6m-4=0$

接する条件は判別式 $D=0$ だから

$D/4=(3m^2-m)^2-(m^2+1)(9m^2-6m-4)=0$

$9m^4-6m^3+m^2-(9m^4-6m^3+5m^2-6m-4)=0$

これより $2m^2-3m-2=0$

$(2m+1)(m-2)=0$ ∴ $m=-\dfrac{1}{2}, 2$

よって，$y=-\dfrac{1}{2}x+\dfrac{5}{2}, y=2x-5$

←$(a+b+c)^2$
$=a^2+b^2+c^2$
$+2ab+2bc+2ca$

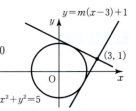

パターンⅢ：半径＝中心から接点までの距離 を利用

点 (3, 1) を通る傾き m の直線の方程式は

$$y = m(x-3)+1$$
$$mx - y - 3m + 1 = 0 \quad \cdots\cdots ①$$

円の半径は，中心 (0, 0) から直線①までの距離だから

$$\frac{|m \cdot 0 - 0 - 3m + 1|}{\sqrt{m^2 + (-1)^2}} = \sqrt{5}$$

$$|-3m+1| = \sqrt{5}\sqrt{m^2+1}$$

両辺を 2 乗して

$$9m^2 - 6m + 1 = 5(m^2+1)$$
$$2m^2 - 3m - 2 = 0$$
$$(2m+1)(m-2) = 0$$
$$\therefore \quad m = -\frac{1}{2},\ 2$$

よって，$y = -\dfrac{1}{2}x + \dfrac{5}{2},\ y = 2x - 5$

←点と直線の距離の公式を使うときは，$ax+by+c=0$ の形にして使う。

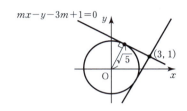

←m の値を①に代入する。

アドバイス

- パターンⅠ：接点を (x_1, y_1) とおいて解く方法で，接線だけでなく，接点も求めるときに適する。ただし，中心が原点以外にある円では $x_1 x + y_1 y = r^2$ の公式は使えない。
- パターンⅡ：判別式を利用した解き方で，放物線など，円以外の 2 次曲線にも広く使える。やや計算が面倒なのが難点だが，利用範囲は広い。
- パターンⅢ：接線の傾きを m で表し，点と直線の距離の公式を使った鮮やかな解法で，原点以外に中心をもつ円のときは，とくに有効な手段である。この方法がイチオシだ！

これで 解決!

円の接線の方程式 ➡ 点と直線の距離で $\dfrac{|ax_1 + by_1 + c|}{\sqrt{a^2+b^2}} = r$

■**練習90** (1) 点 (7, 1) を通り，円 $x^2+y^2=25$ に接する直線の方程式は ☐ と ☐ である。 〈立命館大〉

(2) 円 $x^2-2x+y^2+6y=0$ に接し，点 (3, 1) を通る直線の方程式は ☐ と ☐ である。 〈東海大〉

91 円周上の点と定点との距離

円 $x^2+y^2-8x-2y+8=0$ 上の点 P と定点 $(8, 4)$ の距離の最大値と最小値を求めよ。 〈類 愛知淑徳大〉

解 与式は $(x-4)^2+(y-1)^2=9$ だから
円の中心 $(4, 1)$ と定点 $(8, 4)$ までの距離は
$\sqrt{(8-4)^2+(4-1)^2}=\sqrt{25}=5$
右図より, 最大値は $5+3=\mathbf{8}$
　　　　　最小値は $5-3=\mathbf{2}$

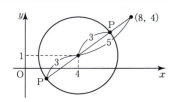

アドバイス
- 円周上の点と定点との距離は, 円の中心からの距離と半径との関係で求めるのがよい。2円の位置関係も, 中心間の距離で考えることが多い。

これで解決!
円周上の点と定点との距離 ➡ 中心からの距離で考えよ

練習91 円 $x^2+y^2-8x-12y+48=0$ がある。円周上の点と定点 A$(1, 2)$ との距離の最大値は ___, 最小値は ___ である。 〈類 北海道工大〉

92 点から円に引いた接線の長さ

円 $x^2-4x+y^2+1=0$ と点 A$(4, 3)$ があるとき, A から円に引いた接線の長さを求めよ。 〈類 昭和薬大〉

解 与式は $(x-2)^2+y^2=3$ だから,
円の中心は C$(2, 0)$, 半径は $\sqrt{3}$
右図より △CAT は直角三角形になるから
　　$CA^2=AT^2+CT^2$
　　$(4-2)^2+3^2=AT^2+3$
　∴　$AT=\mathbf{\sqrt{10}}$ （AT>0）

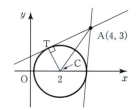

アドバイス
- 円外の点から円に引いた接線の長さは, 円の中心と接点を結び直角三角形をつくり, それから三平方の定理を使って, 図形的に求める。

これで解決!
点から円に引いた接線の長さは ➡ 三平方の定理で

練習92 点 P$(-1, -3)$ から円 $x^2+y^2-4x-6=0$ に引いた接線の接点を Q とするとき, 線分 PQ の長さを求めよ。 〈類 上智大〉

93 切り取る線分(弦)の長さ

円 $C: x^2+y^2=10$ と直線 $l: x-y=2$ がある。
(1) 円 C と直線 l との交点の x 座標を求めよ。
(2) 円 C が直線 l から切り取る線分の長さを求めよ。 〈類 神奈川大〉

解
(1) $x^2+y^2=10$ に $y=x-2$ を代入して
$$x^2-2x-3=0$$
$$(x-3)(x+1)=0$$
$$\therefore\ x=3,\ -1$$

(2) 線分の長さは,右図のように
相似比を利用して,$m=1$ だから
$$\sqrt{1+1^2}\,|3-(-1)|=4\sqrt{2}$$

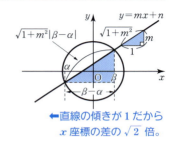

←直線の傾きが1だから
 x 座標の差の $\sqrt{2}$ 倍。

別解 右図のように,直角三角形 OPH を考える。
$$OH=\frac{|-2|}{\sqrt{1^2+(-1)^2}}=\sqrt{2}\quad だから$$
$OP^2=OH^2+PH^2$ より
$$PH^2=10-2=8\quad\therefore\ PH=2\sqrt{2}$$
よって,$PQ=2PH=4\sqrt{2}$

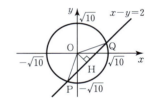

アドバイス

- 円や放物線が直線を切り取るとき,その線分(弦)の長さは,上図のように相似比を使って求められる。交点を (x_1, y_1), (x_2, y_2) として $\sqrt{(x_2-x_1)^2+(y_2-y_1)^2}$ を使っても求められるが,計算が面倒である。
- 円の中心と半径が求まれば,別解のように三平方の定理を利用するのも有効だ。しかし,放物線では使えないから注意する。

これで 解決!

(直線 $y=mx+n$ から円,放物線が)
切り取る線分(弦)の長さは

→ (α, β は交点の x 座標)
$$\sqrt{1+m^2}\,|\beta-\alpha|$$
円は三平方の定理が有効

練習93 (1) 直線 $y=x+k$ が放物線 $y=x^2$ によって切り取られる線分の長さが3以下であるとき,k の範囲を求めよ。 〈共立女子大〉
(2) 円 $x^2+y^2-6x+6y+9=0$ によって切り取られる線分の長さが4で,直線 $2x-y=0$ に垂直な直線の方程式を求めよ。 〈弘前大〉

94 直線と直線，円と円の交点を通る（直線・円）

(1) 次の2直線の交点と点 $(2, 0)$ を通る直線の方程式を求めよ。
$$3x-2y-4=0, \quad 4x+3y-10=0$$ 〈専修大〉

(2) 2つの円 $C_1: x^2+y^2-6x-4y=0$, $C_2: x^2+y^2=6$ の2交点と点 $(1, 1)$ を通る円の方程式を求めよ。 〈摂南大〉

解 (1) 直線と直線の交点を通る直線の方程式は
$(3x-2y-4)+k(4x+3y-10)=0$ ……① とおける。
点 $(2, 0)$ を通るから
$(3\cdot2-2\cdot0-4)+k(4\cdot2+3\cdot0-10)=0$
$2-2k=0$ より $k=1$
①に代入して $7x+y-14=0$

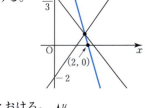

(2) 円と円の交点を通る円の方程式は
$(x^2+y^2-6x-4y)+k(x^2+y^2-6)=0$ ……② とおける。
点 $(1, 1)$ を通るから
$(1+1-6\cdot1-4\cdot1)+k(1+1-6)=0$
$-8-4k=0$ より $k=-2$
②に代入して
$(x^2+y^2-6x-4y)-2(x^2+y^2-6)=0$
よって, $x^2+y^2+6x+4y-12=0$

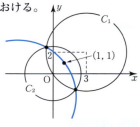

アドバイス
- この問題のように，直線と直線，円と円（直線と円でもよい）の交点を通る図形の方程式を求めるのに，いちいち交点を求めていたら大変だ。
- ここで，公式の背景を説明する余裕はないが，次のようにおいて求めることができることを知っておいてほしい。

| 直線と直線，円と円の交点を通る直線，円 | ➡ | 直線と直線の交点を通る直線
$(ax+by+c)+k(a'x+b'y+c')=0$ とおく
円と円の交点を通る円
$(x^2+y^2+\cdots\cdots)+k(x^2+y^2+\cdots\cdots)=0$ とおく
（$k=-1$ のときは直線になる） |

練習94 (1) 2直線 $3x-2y-6=0$, $2x+3y-1=0$ の交点と点 $(1, 2)$ を通る直線の方程式を求めよ。 〈福山大〉

(2) 2つの円 $x^2+y^2-9=0$ と $x^2+y^2-4x-2y+3=0$ の2つの交点を通る直線の方程式を求めよ。また，この交点と原点を通る円の方程式を求めよ。 〈阪南大〉

95 平行移動

直線 $5x+3y=10$ を x 軸方向に -2, y 軸方向に 1 だけ平行移動した直線の方程式は □ である。 〈類 工学院大〉

解 直線上の点を (s, t) とすると $5s+3t=10$ ……①
移された点を (x, y) とすると
$\begin{cases} x=s-2 \\ y=t+1 \end{cases}$ より $\begin{cases} s=x+2 \\ t=y-1 \end{cases}$ として，①に代入。
$5(x+2)+3(y-1)=10$ ∴ $5x+3y=3$

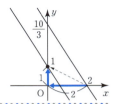

アドバイス
- 平行移動では，この解法のように，軌跡の考えから得られる次の公式を使うのが有効である。どんな曲線にも使える。

これで解決！

$\begin{cases} x \text{ 軸方向に } a \\ y \text{ 軸方向に } b \end{cases}$ の平行移動は ➡ $\begin{cases} x \to x-a \\ y \to y-b \end{cases}$ として代入

■**練習95** 放物線 $y=3x^2+2ax+a$ を x 軸方向に a, y 軸方向に b だけ平行移動すると，点 $(-2, 0)$ で x 軸に接した。このとき，$a=$ □, $b=$ □ である。 〈立教大〉

96 放物線の頂点や円の中心の軌跡

a が正の値をとって変化するとき，放物線 $y=x^2-2ax+1$ の頂点はどんな曲線を描くか。 〈類 広島電機大〉

解 $y=(x-a)^2-a^2+1$ と変形。　　←a は x, y の媒介変数。
頂点を (x, y) とすると $x=a$, $y=-a^2+1$　　←x, y を a で表す。
a を消去して $y=-x^2+1$　　←a を消去し，x, y だけの式にする。
$a>0$ だから $x>0$
∴ 放物線 $y=-x^2+1$ の $x>0$ の部分。

アドバイス
- これは動点が媒介変数で表されるもので，軌跡の問題の基本といえるものだ。

これで解決！

$\left.\begin{array}{l}\text{放物線の頂点} \\ \text{円の中心}\end{array}\right\}$ の軌跡 ➡ 頂点や中心を (x, y) とする $\xrightarrow{\text{媒介変数を消去して}}$ x, y の式に

■**練習96** 放物線 $y=x^2+ax+a-2$ の頂点は，a の値を変化させたとき，どんな軌跡を描くか。 〈福井県立大〉

97 分点，重心の軌跡

(1) 点 P が放物線 $y=x^2+1$ 上を動くとき，原点 O と点 P を結ぶ線分の中点 Q の軌跡の方程式を求めよ。　〈北海学院大〉

(2) 2 点 A(0, 3), B(0, 1) と円 $(x-2)^2+(y-2)^2=1$ がある。点 P が円周上を動くとき，△ABP の重心 G の軌跡を求めよ。〈高崎経大〉

解

(1) P(s, t), Q(x, y) とすると
P が放物線上にあるから $t=s^2+1$ ……①
Q は OP の中点だから
$x=\dfrac{s}{2}$, $y=\dfrac{t}{2}$　より
$s=2x$, $t=2y$ として
①に代入すると，$2y=(2x)^2+1$
よって，$y=2x^2+\dfrac{1}{2}$

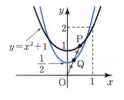

(2) P(s, t), G(x, y) とすると
P(s, t) が円周上にあるから
$(s-2)^2+(t-2)^2=1$ ……①
$x=\dfrac{0+0+s}{3}$　$y=\dfrac{3+1+t}{3}$　より
$s=3x$, $t=3y-4$　として
①に代入すると $(3x-2)^2+(3y-6)^2=1$
よって，円 $\left(x-\dfrac{2}{3}\right)^2+(y-2)^2=\dfrac{1}{9}$

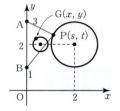

←両辺を 9 で割るとき，
（　）^{2} の中は 3 で割る。

アドバイス

▶軌跡を求める手順◀
- 軌跡を求めるには，はじめに動く曲線上の点を (s, t) とおく。
- 次に，軌跡上の点を (x, y) とおき，(s, t) と (x, y) の関係式をつくる。
- $s=(x, y \text{ の式})$, $t=(x, y \text{ の式})$ とし，s, t の式に代入して x, y の式にする。

これで解決！

分点（内分,外分）
三角形の重心 ｝の軌跡　➡　動点 P(s, t) と 軌跡 (x, y) の関係式をつくる　s, t を消去して　x, y の式に

■**練習97** (1) 円 $C: x^2+y^2=4$ と定点 A(3, 0) がある。いま点 P が円 C の円周上を動くとき，線分 AP の中点 Q の軌跡の方程式は □ である。　〈立教大〉

(2) 2 点 A(5, −3), B(1, 6) と円 $x^2+y^2=9$ の周上の動点を P とするとき，△ABP の重心 G の軌跡の方程式を求めよ。　〈名古屋学院大〉

98 領域における最大・最小

(1) x, y が次の不等式を満たすとき，$x+y$ の最大値は □ である。 $x \geq 0, y \geq 0, 2x+y \leq 8, 2x+3y \leq 12$ 〈東京医大〉

(2) x, y が次の不等式を満たすとき，x^2+y^2 の最大値と最小値を求めよ。 $x-3y \geq -6, x+2y \geq 4, 3x+y \leq 12$ 〈類 横浜国大〉

解 (1) 領域は右図の境界を含む斜線部分。
$x+y=k$ とおいて，$y=-x+k$ に変形。
これは，傾き -1 で，k の値によって
上，下に平行移動する直線を表す。
k の最大値は点 $(3, 2)$ を通るとき。
よって，$k=3+2=5$ （最大値）

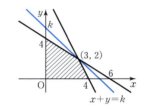

(2) 領域は右図の境界を含む斜線部分。
$x^2+y^2=k$ とおくと，これは原点を中心とする
半径 $\sqrt{k}$ の円を表す。
$OH = \dfrac{|0+2\cdot 0-4|}{\sqrt{1^2+2^2}} = \dfrac{4\sqrt{5}}{5}$
$OA = \sqrt{3^2+3^2} = 3\sqrt{2}$ ∴ $\dfrac{16}{5} \leq k \leq 18$

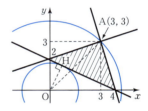

よって，最大値 18，最小値 $\dfrac{16}{5}$

アドバイス ••
▶領域における最大・最小の問題の3つのポイント◀
- 与えられた領域を正確にかくこと。ここで間違っては元も子もない。
- 与えられた式を $f(x, y)=k$ とおき，(1)のように直線ならば切片を，(2)のように円ならば半径を考える。
- 示された領域の端点，頂点，接点(円などの場合)の (x, y) で最大値や最小値となる。

これで 解決!

領域における 最大・最小 ⇒ $\begin{cases} f(x, y)=k \text{ とおき} \begin{cases} \text{直線なら切片} \\ \text{円なら半径} \end{cases} \text{で考える} \\ \text{領域の端点，円や放物線なら接点} \end{cases}$

練習98 (1) x, y が3つの不等式 $y \geq x^2, 2x+3y \leq 16, y \leq 5$ を満たすとき，$x+y$ の最大値は □，最小値は □ である。 〈成蹊大〉

(2) x, y が連立不等式 $y \geq 0, y \leq x+1, 3x+y \leq 9, x+2y \geq 2$ を満たすとき，$x^2+y^2-2x+2y+2$ の最大値と最小値を求めよ。 〈北海道薬大〉

99 加法定理

α は第1象限の角，β は第3象限の角で，$\sin\alpha = \dfrac{2}{3}$, $\cos\beta = -\dfrac{5}{13}$ のとき，$\cos\alpha$, $\sin\beta$, $\cos(\alpha+\beta)$ の値を求めよ。 〈弘前大〉

解　$\cos\alpha > 0$, $\sin\beta < 0$ だから　　← α, β の条件から $\cos\alpha$, $\sin\beta$ の正，負を押さえる。

$$\cos\alpha = \sqrt{1-\sin^2\alpha} = \sqrt{1-\left(\dfrac{2}{3}\right)^2} = \dfrac{\sqrt{5}}{3}$$

$$\sin\beta = -\sqrt{1-\cos^2\beta} = -\sqrt{1-\left(-\dfrac{5}{13}\right)^2} = -\dfrac{12}{13}$$　← $\sin^2\theta + \cos^2\theta = 1$ の利用。

$$\cos(\alpha+\beta) = \cos\alpha\cos\beta - \sin\alpha\sin\beta$$　← 加法定理

$$= \dfrac{\sqrt{5}}{3}\cdot\left(-\dfrac{5}{13}\right) - \dfrac{2}{3}\cdot\left(-\dfrac{12}{13}\right) = \dfrac{24-5\sqrt{5}}{39}$$

アドバイス

- 三角関数の公式で，加法定理と合成だけは覚えておかないとどうにもならない。特に，加法定理からは2倍角や半角の公式が導かれるから確認しておく。

これで解決!

加法定理（複号同順）（これを知らずに三角は戦えない）

$$\sin(\alpha\pm\beta) = \sin\alpha\cos\beta \pm \cos\alpha\sin\beta$$
$$\cos(\alpha\pm\beta) = \cos\alpha\cos\beta \mp \sin\alpha\sin\beta$$
$$\tan(\alpha\pm\beta) = \dfrac{\tan\alpha \pm \tan\beta}{1 \mp \tan\alpha\tan\beta}\quad\left(\begin{array}{c}\text{イチマイナスタンタン}\\ \text{ブンノ タンプラスタン}\end{array}\right)$$

- 上の加法定理で α と β を θ にすると2倍角の公式に，さらに，θ を $\dfrac{\theta}{2}$ として半角の公式になる。

2倍角の公式

$$\cos 2\theta = \cos^2\theta - \sin^2\theta$$
$$= 2\cos^2\theta - 1$$
$$= 1 - 2\sin^2\theta$$
$$\sin 2\theta = 2\sin\theta\cos\theta$$
$$\tan 2\theta = \dfrac{2\tan\theta}{1-\tan^2\theta}$$

半角の公式

$$\cos^2\dfrac{\theta}{2} = \dfrac{1+\cos\theta}{2}$$
$$\sin^2\dfrac{\theta}{2} = \dfrac{1-\cos\theta}{2}$$

練習99 (1) $\sin\alpha = \dfrac{3}{5}$, $\sin\beta = \dfrac{4}{5}$ $\left(0 < \alpha < \dfrac{\pi}{2},\ \dfrac{\pi}{2} < \beta < \pi\right)$ のとき $\cos(\alpha+\beta) = r$ となる。$25(r+1)$ の値を求めよ。 〈自治医大〉

(2) $0 < \theta < \pi$, $\cos\theta = \dfrac{1}{3}$ のとき，$\cos 2\theta = \boxed{}$, $\cos\dfrac{\theta}{2} = \boxed{}$ である。 〈東京薬大〉

(3) 2直線 $y = 3x$ と $y = \dfrac{1}{3}x$ のなす角を θ とするとき，$\tan\theta = \boxed{}$ である。 〈会津大〉

100 三角関数の合成

(1) $\sqrt{3}\sin\theta+\cos\theta=r\sin(\theta+\alpha)$ を満たす定数 r, α を求めよ。ただし，$r>0$，$-\pi<\alpha<\pi$ とする。 〈北見工大〉

(2) $0\leqq\theta\leqq\dfrac{\pi}{2}$ のとき，$y=3\sin\theta+4\cos\theta$ の最大値と最小値を求めよ。 〈福岡大〉

解 (1) $\sqrt{3}\sin\theta+\cos\theta$
$=\sqrt{(\sqrt{3})^2+1^2}\sin\left(\theta+\dfrac{\pi}{6}\right)=2\sin\left(\theta+\dfrac{\pi}{6}\right)$

∴ $r=2$, $\alpha=\dfrac{\pi}{6}$

(2) $y=3\sin\theta+4\cos\theta$
$=\sqrt{3^2+4^2}\sin(\theta+\alpha)=5\sin(\theta+\alpha)$

$\left(\text{ただし，}\cos\alpha=\dfrac{3}{5},\ \sin\alpha=\dfrac{4}{5}\right)$

$0\leqq\theta\leqq\dfrac{\pi}{2}$ より $\alpha\leqq\theta+\alpha\leqq\dfrac{\pi}{2}+\alpha$

最大値は $\theta+\alpha=\dfrac{\pi}{2}$ のとき $5\sin\dfrac{\pi}{2}=\mathbf{5}$

最小値は $\theta+\alpha=\dfrac{\pi}{2}+\alpha$ のとき

$5\sin\left(\dfrac{\pi}{2}+\alpha\right)=5\cos\alpha=5\cdot\dfrac{3}{5}=\mathbf{3}$

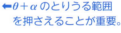

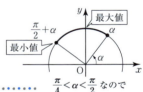

←$\theta+\alpha$ のとりうる範囲を押さえることが重要。

$\dfrac{\pi}{4}<\alpha<\dfrac{\pi}{2}$ なので

$\sin\left(\dfrac{\pi}{2}+\alpha\right)<\sin\alpha$

アドバイス

・三角関数の合成の公式ほど，覚えてないとどうにもならない公式も少ない。この公式は角 α の求め方が point になる。α は下図のように，a を x 座標，b を y 座標にとってできる角だ。

これで 解決!

三角関数の合成（角 α の決め方）

$$a\sin\theta+b\cos\theta=\sqrt{a^2+b^2}\sin(\theta+\alpha)$$

もし，α が求められない角のときは，

$\left(\cos\alpha=\dfrac{a}{\sqrt{a^2+b^2}},\ \sin\alpha=\dfrac{b}{\sqrt{a^2+b^2}}\right)$ とかいておく

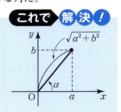

練習100 (1) $0\leqq\theta\leqq\pi$ のとき，$\sqrt{3}\cos\theta+\sin\theta$ の最大値は □ であり，最小値は □ である。 〈立教大〉

(2) $0\leqq\theta\leqq\pi$ の範囲で，$2\cos\theta+\sin\theta$ の最大値，最小値を求めよ。 〈津田塾大〉

101 $\sin^2 x$, $\cos^2 x$, $\sin x \cos x$ がある式

関数 $f(x) = \sin^2 x + 4\sin x \cos x - 3\cos^2 x$ の最大値と最小値を求めよ。また、そのときの x の値を求めよ。ただし、$0 \leq x < \pi$ とする。

〈中央大〉

解

$$f(x) = \frac{1-\cos 2x}{2} + 2\sin 2x - 3 \cdot \frac{1+\cos 2x}{2}$$

$$= 2\sin 2x - 2\cos 2x - 1$$

$$= \sqrt{2^2 + (-2)^2} \sin\left(2x - \frac{\pi}{4}\right) - 1$$

$$= 2\sqrt{2} \sin\left(2x - \frac{\pi}{4}\right) - 1$$

← $\sin^2 x = \dfrac{1-\cos 2x}{2}$

$\cos^2 x = \dfrac{1+\cos 2x}{2}$

$\sin x \cos x = \dfrac{1}{2}\sin 2x$

$0 \leq x < \pi$ より $-\dfrac{\pi}{4} \leq 2x - \dfrac{\pi}{4} < \dfrac{7}{4}\pi$ だから

$-1 \leq \sin\left(2x - \dfrac{\pi}{4}\right) \leq 1$

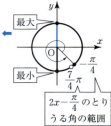

$2x - \dfrac{\pi}{4}$ のとりうる角の範囲

よって、$\sin\left(2x - \dfrac{\pi}{4}\right) = 1$ すなわち $2x - \dfrac{\pi}{4} = \dfrac{\pi}{2}$ より

$x = \dfrac{3}{8}\pi$ のとき、最大値 $2\sqrt{2} - 1$

$\sin\left(2x - \dfrac{\pi}{4}\right) = -1$ すなわち $2x - \dfrac{\pi}{4} = \dfrac{3}{2}\pi$ より

$x = \dfrac{7}{8}\pi$ のとき、最小値 $-2\sqrt{2} - 1$

アドバイス ……………………………………………………

- $\sin^2 x$, $\cos^2 x$, $\sin x \cos x$ が1つの式の中にある場合、たいてい半角の公式を用いて $2x$ に統一し、$\sin 2x$ と $\cos 2x$ を合成して処理するものが多い。
- ここで、半角の公式は次のように2倍角の公式から導けることを確認しておくとよい。

$\sin 2x = 2\sin x \cos x$ ……→ $\sin x \cos x = \dfrac{1}{2}\sin 2x$

$\cos 2x = \begin{cases} 2\cos^2 x - 1 \ ……\rightarrow 2\cos^2 x = 1 + \cos 2x \rightarrow \cos^2 x = \dfrac{1+\cos 2x}{2} \\ 1 - 2\sin^2 x \ ……\rightarrow 2\sin^2 x = 1 - \cos 2x \rightarrow \sin^2 x = \dfrac{1-\cos 2x}{2} \end{cases}$

これで 解決！

$\sin^2 x$, $\cos^2 x$, $\sin x \cos x$ が1つの式にある ⇒ 半角の公式で $\sin 2x$, $\cos 2x$ に

練習101 $0 \leq \theta \leq \dfrac{\pi}{4}$ とするとき、$y = \sin^2 \theta + 2\sin\theta \cos\theta + 3\cos^2 \theta$ の最大値 M と最小値 m を求めよ。

〈小樽商大〉

102 $t = \sin x + \cos x$ とおく関数

関数 $y = \sin 2x + \sin x + \cos x$ について，次の問いに答えよ。
(1) $t = \sin x + \cos x$ とおいて，y を t の式で表せ。
(2) $0 \leqq x \leqq \pi$ のとき，y の最大値と最小値を求めよ。 〈類 法政大〉

解

(1) $t = \sin x + \cos x$ の両辺を2乗して
$t^2 = 1 + 2\sin x \cos x = 1 + \sin 2x$
∴ $\sin 2x = t^2 - 1$
$y = \sin 2x + \sin x + \cos x$ に代入して
$\boldsymbol{y = t^2 + t - 1}$

← $(\sin x + \cos x)^2$
$= \sin^2 x + 2\sin x \cos x + \cos^2 x$
$= 1 + 2\sin x \cos x$
$(\sin 2x = 2\sin x \cos x)$

(2) $t = \sin x + \cos x = \sqrt{2} \sin\left(x + \dfrac{\pi}{4}\right)$ ←三角関数の合成（100参照）

$0 \leqq x \leqq \pi$ より $\dfrac{\pi}{4} \leqq x + \dfrac{\pi}{4} \leqq \dfrac{5}{4}\pi$ だから

$-\dfrac{1}{\sqrt{2}} \leqq \sin\left(x + \dfrac{\pi}{4}\right) \leqq 1$ ∴ $-1 \leqq t \leqq \sqrt{2}$

$y = t^2 + t - 1$ $(-1 \leqq t \leqq \sqrt{2})$
$= \left(t + \dfrac{1}{2}\right)^2 - \dfrac{5}{4}$

右のグラフより
最大値 $1 + \sqrt{2}$，最小値 $-\dfrac{5}{4}$

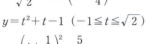
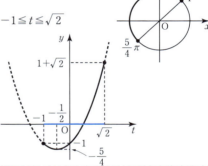

アドバイス

- $t = \sin x + \cos x$ とおくとき，まず両辺を2乗して $2\sin x \cos x = t^2 - 1$ の式をつくろう。それから，t の関数で表すことを考える。$t = \sin x - \cos x$ の場合も同様に両辺2乗して変形する。
- また，t の範囲は合成の公式を使って $t = r\sin(x + \alpha)$ の形にして求める。このとき，角 $(x + \alpha)$ の動く範囲をしっかり確認して t の範囲を押えよう。

これで 解決!

$t = \sin x + \cos x$ とおく関数 ➡ 両辺を2乗して $2\sin x \cos x = t^2 - 1$ をつくる
t の範囲は $t = \sqrt{2} \sin\left(x + \dfrac{\pi}{4}\right)$ として求める

練習102 関数 $y = \sin\theta\cos\theta - \sin\theta + \cos\theta$ について考える。以下に答えよ。
(1) $t = \cos\theta - \sin\theta$ とおくとき，y を t の式で表せ。
(2) θ が $0 \leqq \theta \leqq \pi$ の範囲を動くとき，t の動く範囲を求めよ。
(3) θ が $0 \leqq \theta \leqq \pi$ の範囲を動くとき，y の最大値，最小値と，それらを与える θ の値をそれぞれ求めよ。 〈慶応大〉

103 $\cos 2x$ と $\sin x$, $\cos x$ がある式

(1) $\cos 2x = \sin x$ ($0 \leqq x < 2\pi$) を満たす x の値をすべて求めよ。
〈東邦大〉

(2) $0 \leqq x < 2\pi$ のとき，関数 $y = \cos 2x - 2\cos x + 4$ の最大値と最小値を求めよ。
〈福井工大〉

解

(1) $1 - 2\sin^2 x = \sin x$ より
$2\sin^2 x + \sin x - 1 = 0$
$(2\sin x - 1)(\sin x + 1) = 0$
$\sin x = \dfrac{1}{2},\ -1$
$0 \leqq x < 2\pi$ だから $x = \dfrac{\pi}{6},\ \dfrac{5}{6}\pi,\ \dfrac{3}{2}\pi$

← $\cos 2x = 1 - 2\sin^2 x$ として，$\sin x$ に統一。

(2) $y = 2\cos^2 x - 1 - 2\cos x + 4$
$\cos x = t$ とおくと $0 \leqq x < 2\pi$ より $-1 \leqq t \leqq 1$
$y = 2t^2 - 2t + 3 = 2\left(t - \dfrac{1}{2}\right)^2 + \dfrac{5}{2}$
右のグラフより
$t = -1$，すなわち $\cos x = -1$ より
　$x = \pi$ のとき，最大値 7
$t = \dfrac{1}{2}$，すなわち $\cos x = \dfrac{1}{2}$ より
　$x = \dfrac{\pi}{3},\ \dfrac{5}{3}\pi$ のとき，最小値 $\dfrac{5}{2}$

← $\cos 2x = 2\cos^2 x - 1$ として，$\cos x$ に統一。

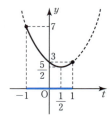

アドバイス

- 1つの式の中に，$\cos 2x$ と $\sin x$ または $\cos x$ が一緒にあるときは，$\cos 2x$ を2倍角の公式で $\sin x$ か $\cos x$ に統一して考えよう。
- $\sin 2x$ があるときは，$\sin 2x = 2\sin x \cos x$ の積の形なので $\sin x$ か $\cos x$ だけに統一できない。この場合は 101 のパターンになる。

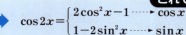

$\cos 2x$ と $\sin x$, $\cos x$ が1つの式の中にある　→　$\cos 2x = \begin{cases} 2\cos^2 x - 1 \longrightarrow \cos x \\ 1 - 2\sin^2 x \longrightarrow \sin x \end{cases}$ に統一

練習103 (1) $0 \leqq x \leqq 2\pi$ のとき，不等式 $\cos 2x + 3\sin x - 2 \geqq 0$ を解け。〈東京電機大〉

(2) $0 \leqq x < 2\pi$ のとき，関数 $y = \cos 2x - 2\sqrt{3}\sin x + 1$ の最大値と最小値を求めよ。
〈山梨大〉

104 $2^x \pm 2^{-x} = k$ のとき

$2^x + 2^{-x} = 3$ $(x > 0)$ のとき，$4^x + 4^{-x} = \boxed{}$，$2^x - 2^{-x} = \boxed{}$

〈類　東海大〉

解
$$4^x + 4^{-x} = 2^{2x} + 2^{-2x} = (2^x + 2^{-x})^2 - 2 \cdot 2^x \cdot 2^{-x}$$
$$= 3^2 - 2 = 7$$
$$(2^x - 2^{-x})^2 = (2^x + 2^{-x})^2 - 4 \cdot 2^x \cdot 2^{-x}$$
$$= 3^2 - 4 = 5$$

← $4^x = (2^2)^x = 2^{2x}$
　$4^{-x} = (2^{-2})^x = 2^{-2x}$

← $(a-b)^2 = (a+b)^2 - 4ab$

$x > 0$ だから $2^x > 2^{-x}$ より $2^x - 2^{-x} > 0$
よって，$2^x - 2^{-x} = \sqrt{5}$

アドバイス

- $2^x \pm 2^{-x} = k$ のような条件のとき，$2^{2x} + 2^{-2x}$，$2^{3x} + 2^{-3x}$ などの値を求めるには，次のような変形がよく使われる。

これで 解決！

$a^x \pm a^{-x} = k$ のとき　⇒　$a^{2x} + a^{-2x} = (a^x + a^{-x})^2 - 2 a^x \cdot a^{-x}$
$a^{2x} + a^{-2x} = (a^x - a^{-x})^2 + 2 a^x \cdot a^{-x}$

$a^{3x} \pm a^{-3x} = (a^x \pm a^{-x})(a^{2x} \mp a^x \cdot a^{-x} + a^{-2x})$ の変形も重要。

■**練習 104**　$2^x - 2^{-x} = 3$ $(x > 0)$ のとき，$2^x + 2^{-x}$，$4^x - 4^{-x}$，$2^{3x} + 2^{-3x}$ の値を求めよ。

〈類　甲南大〉

105 累乗，累乗根の大小

$\sqrt[3]{5}$，$\sqrt{3}$，$\sqrt[4]{8}$ を大きい順に並べよ。

〈埼玉医大〉

解　3数を12乗すると
$(\sqrt[3]{5})^{12} = 5^4 = 625$　　$(\sqrt{3})^{12} = 3^6 = 729$
$(\sqrt[4]{8})^{12} = 8^3 = 512$
$729 > 625 > 512$ より $\sqrt{3}$，$\sqrt[3]{5}$，$\sqrt[4]{8}$

←累乗根をなくすために
　12乗した。
　3，2，4の最小公倍数

アドバイス

- 底が異なる累乗や累乗根の形で表された数の大小関係は，何乗かして自然数にするのがわかりやすい。

これで 解決！

$\sqrt[m]{a}$，$\sqrt[n]{b}$，$(a^{\frac{1}{m}}, a^{\frac{1}{n}})$ の大小は　⇒　mn 乗して累乗根をはずす

■**練習 105**　3つの数 $\sqrt[3]{2}$，$\sqrt[4]{3}$，$\sqrt[6]{5}$ を小さい順に並べよ。

〈類　武庫川女大〉

106 指数関数の最大・最小

(1) 関数 $y=9^x-2\cdot 3^x+3$ $(x\leqq 1)$ の最大値は $\boxed{}$，最小値は $\boxed{}$ である。 〈類 千葉工大〉

(2) 関数 $y=4^x+4^{-x}-2(2^x+2^{-x})$ の最小値は $\boxed{}$ である。 〈類 東邦大〉

解

(1) $3^x=t$ とおくと $0<t\leqq 3$
$$y=9^x-2\cdot 3^x+3=(3^x)^2-2\cdot 3^x+3$$
$$=t^2-2t+3$$
$$=(t-1)^2+2$$
右のグラフより
最大値 6，最小値 2

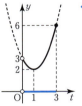

←t の範囲を押さえてグラフをかく。
$\begin{pmatrix}3^x \text{ は負の数になること}\\ \text{はないので } t\leqq 3 \text{ と}\\ \text{誤らない。}\end{pmatrix}$

(2) $2^x+2^{-x}=t$ とおくと
$$y=4^x+4^{-x}-2(2^x+2^{-x})$$
$$=(2^x+2^{-x})^2-2\cdot 2^x\cdot 2^{-x}-2(2^x+2^{-x})$$
$$=t^2-2t-2=(t-1)^2-3$$
ここで，$2^x>0$，$2^{-x}>0$ だから
相加平均≧相乗平均の関係より
$$t=2^x+2^{-x}\geqq 2\sqrt{2^x\cdot 2^{-x}}=2$$
右のグラフより $t=2$ のとき**最小値 -2**

←$4^x+4^{-x}=(2^x)^2+(2^{-x})^2$
$=(2^x+2^{-x})^2-2\cdot 2^x\cdot 2^{-x}$
$\phantom{=(2^x+2^{-x})^2-2\cdot}\underbrace{\phantom{2^x\cdot 2^{-x}}}_{2^0=1}$

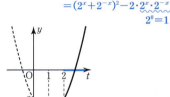

アドバイス

- 指数関数の最大・最小では $a^x=t$ とおくのと，$a^x+a^{-x}=t$ とおくのに代表される。
- その際，t のとりうる値の範囲を押さえるのは当然であるが，x がすべての実数をとるとき $a^x>0$ であることは，$y=a^x$ のグラフを考えればわかるが，a^x+a^{-x} は相加平均≧相乗平均の関係が使われるので要注意だ！

これで 解決！

指数関数の最大・最小 ➡ $a^x=t$，$a^x+a^{-x}=t$ とおいて，t の関数 $y=f(t)$ で考える。t のとりうる範囲にも注意する。

練習 106 (1) $-2\leqq x\leqq 2$ において，関数 $y=2^{2x}-2^{x+2}+8$ の最大値は $\boxed{}$ であり，最小値は $\boxed{}$ である。 〈日本大〉

(2) 関数 $y=3^{2x}+3^{-2x}-6(3^x+3^{-x})+16$ は $S=3^x+3^{-x}$ とおくと $y=S^2-\boxed{}S+\boxed{}$ となる。このとき，$S\geqq\boxed{}$ なので y の最小値は $\boxed{}$ である。 〈松山大〉

107 指数方程式・不等式

次の方程式，不等式を解け。
(1) 方程式 $3^{2x+1}+2\cdot 3^x-1=0$ 〈星薬大〉
(2) $32\left(\dfrac{1}{4}\right)^x-18\left(\dfrac{1}{2}\right)^x+1\leqq 0$ 〈金沢工大〉

解
(1) $3^{2x+1}=3\cdot 3^{2x}=3\cdot(3^x)^2$ だから
$3^x=X$ $(X>0)$ とおくと
$3X^2+2X-1=0$, $(3X-1)(X+1)=0$
$X>0$ より, $X=\dfrac{1}{3}$, $3^x=\dfrac{1}{3}=3^{-1}$
∴ $x=-1$

―指数法則―
$a^m\times a^n=a^{m+n}$
$a^{mn}=(a^m)^n=(a^n)^m$
$a^{-n}=\dfrac{1}{a^n}$

(2) $32\left\{\left(\dfrac{1}{2}\right)^x\right\}^2-18\left(\dfrac{1}{2}\right)^x+1\leqq 0$
$\left(\dfrac{1}{2}\right)^x=X$ $(X>0)$ とおくと
$32X^2-18X+1\leqq 0$
$(16X-1)(2X-1)\leqq 0$
∴ $\dfrac{1}{16}\leqq X\leqq \dfrac{1}{2}$ より $\left(\dfrac{1}{2}\right)^4\leqq \left(\dfrac{1}{2}\right)^x\leqq \left(\dfrac{1}{2}\right)^1$
(底)$=\dfrac{1}{2}<1$ だから $1\leqq x\leqq 4$

←分数の指数は（　）を
つけて表す。
$\left(\dfrac{1}{2}\right)^x$　$\cancel{\dfrac{1}{2}^x}$

←底が1より小さいから
不等号の向きが変わる。

アドバイス
- 指数方程式，不等式を解くには与えられた式を因数分解することになる。その場合，次の変形は知らないと困る。例えば
$4^x=(2^2)^x=(2^x)^2$, $2^{x+3}=2^3\cdot 2^x=8\cdot 2^x$, $2^{x-1}=\dfrac{1}{2}\cdot 2^x$
- それから，不等式では，底が1より大きいか，小さいかにより不等号の向きが変わる。これは重要すぎて忘れたくても忘れられないだろう。

これで解決！

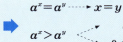

指数方程式　$a^x=a^y \longrightarrow x=y$
指数不等式　$a^x>a^y$　　$a>1$ のとき, $x>y$
　　　　　　　　　　　　$0<a<1$ のとき, $x<y$

練習107 次の方程式，不等式を解け。
(1) $4^x-3\cdot 2^{x+1}-16=0$ 〈駒澤大〉
(2) $\left(\dfrac{1}{9}\right)^x-4\left(\dfrac{1}{3}\right)^x+3>0$ 〈明治大〉
(3) $8^x+4^{x+1}+2^x-6<0$ 〈京都薬大〉

108 対数の計算

(1) $\log_{10}8 + \log_{10}400 - 5\log_{10}2 = \boxed{}$ 〈東北薬大〉

(2) $(\log_3 4)(\log_4 2)(\log_2 3) = \boxed{}$ 〈信州大〉

(3) $(\log_2 3 + \log_4 9)(\log_3 4 + \log_9 2) = \boxed{}$ 〈青山学院大〉

解

(1) (与式) $= \log_{10}8 + \log_{10}400 - \log_{10}2^5$ ← $r\log_a M = \log_a M^r$

$= \log_{10}\dfrac{8 \cdot 400}{32} = \log_{10}100$ ← $\log_a \bigcirc$ 真数を1つにまとめる。

$= \log_{10}10^2 = \mathbf{2}$

(2) (与式) $= \dfrac{\log_2 4}{\log_2 3} \cdot \dfrac{\log_2 2}{\log_2 4} \cdot \log_2 3 = \mathbf{1}$ ←底を2にした計算。

別解 (与式) $= \dfrac{\log_{10} 4}{\log_{10} 3} \cdot \dfrac{\log_{10} 2}{\log_{10} 4} \cdot \dfrac{\log_{10} 3}{\log_{10} 2} = \mathbf{1}$ ←底を10にした計算。

(3) (与式) $= \left(\log_2 3 + \dfrac{\log_2 9}{\log_2 4}\right)\left(\dfrac{\log_2 4}{\log_2 3} + \dfrac{\log_2 2}{\log_2 9}\right)$ ←底を2にそろえた。（底は問題中の一番小さな底にそろえるとよい。）

$= \left(\log_2 3 + \dfrac{2\log_2 3}{2}\right)\left(\dfrac{2}{\log_2 3} + \dfrac{1}{2\log_2 3}\right)$

$= 2\log_2 3 \cdot \dfrac{5}{2\log_2 3} = \mathbf{5}$

アドバイス

・log の計算では次の規則が使われる。

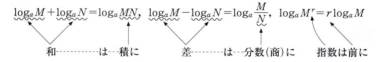

和 … は … 積に　　差 … は … 分数(商)に　　指数は前に

・また，整数 n は，$n = \log_a a^n$ と表せる。さらに，対数の計算では底が異なっていては前に進めないので，次の底の変換公式でまず，底をそろえよう。

これで解決!

底の異なる log の計算 ➡ 底の変換公式で底をそろえる　$\log_a b = \dfrac{\log_m b}{\log_m a}$

■**練習108** 次の値を求めよ。

(1) $2\log_{10}\dfrac{1}{5} + \log_{10}3 - \log_{10}12$ 〈北海道工大〉

(2) $\log_2 \sqrt{\dfrac{2}{3}} + \log_{16}18$ 〈京都産大〉

(3) $\log_2 25 \cdot \log_3 16 \cdot \log_5 27$ 〈東洋大〉

(4) $(\log_2 9 + \log_4 3)(\log_3 2 + \log_9 4)$ 〈同志社女大〉

109 $\log_2 3 = a$, $\log_3 5 = b$ のとき

$\log_2 3 = a$, $\log_3 5 = b$ とするとき，$\log_{60} 135$ を a, b で表せ。〈東邦大〉

解
$$\log_{60} 135 = \frac{\log_2 135}{\log_2 60} = \frac{\log_2(3^3 \cdot 5)}{\log_2(2^2 \cdot 3 \cdot 5)} = \frac{3\log_2 3 + \log_2 5}{2 + \log_2 3 + \log_2 5}$$

ここで，$b = \log_3 5 = \dfrac{\log_2 5}{\log_2 3} = \dfrac{\log_2 5}{a}$ ∴ $\log_2 5 = ab$ ←底を2にそろえる。

よって，$\log_{60} 135 = \dfrac{3a + ab}{2 + a + ab}$

アドバイス
- $a = \log_2 3$, $b = \log_3 5$ のとき，$\log_2 5 = ab$ と表せる。この種の問題では底をそろえて a と b の積をつくることを試みるのがよい。

これで解決!

$\log_m \bullet = a$，$\log_\bullet M = b$ のとき ➡ 底をそろえて，積 ab をつくる

■**練習109** $\log_2 3 = a$, $\log_3 5 = b$ とするとき，$\log_2 10$, $\log_{15} 40$ を a, b で表せ。〈名城大〉

110 $a^x = b^y = c^z$ の式の値

$2^x = 3^y = 6^{\frac{3}{2}}$ が成り立つとき，$\dfrac{1}{x} + \dfrac{1}{y}$ を計算せよ。〈芝浦工大〉

解
6を底とする対数をとると
$\log_6 2^x = \log_6 3^y = \log_6 6^{\frac{3}{2}}$ より $x\log_6 2 = y\log_6 3 = \dfrac{3}{2}$

$x = \dfrac{3}{2\log_6 2}$, $y = \dfrac{3}{2\log_6 3}$ として与式に代入して

$\dfrac{1}{x} + \dfrac{1}{y} = \dfrac{2\log_6 2}{3} + \dfrac{2\log_6 3}{3} = \dfrac{2\log_6 6}{3} = \dfrac{2}{3}$

←2，3，6のどれを底にしてもよいが，底の中で一番大きな6を底にすると計算が楽。

アドバイス
- 一般に，$a^x = b^y = c^z$ のような条件は対数をとって考える。底は，a, b, c のどれでもできるが，まず，一番大きな値を底にしてみよう。

これで解決!

指数の条件式 $a^x = b^y = c^z$ ➡ 対数をとって1つの文字で表す $\log_c a^x = \log_c b^y = z$ ➡ $x = \dfrac{z}{\log_c a}$, $y = \dfrac{z}{\log_c b}$

■**練習110** $2^x = 5^y = 100$ のとき，$\dfrac{1}{x} + \dfrac{1}{y}$ を計算せよ。〈大阪薬大〉

111 対数の大小

$a=\log_2 3$, $b=\log_3 2$, $c=\log_4 8$ の大小を調べ，小さいものから順に並べよ。　〈立教大〉

解　$a=\log_2 3>\log_2 2=1$,　$b=\log_3 2<\log_3 3=1$　　←$\log_a a=1$

$c=\dfrac{\log_2 8}{\log_2 4}=\dfrac{3\log_2 2}{2\log_2 2}=\dfrac{3}{2}=\log_2 2^{\frac{3}{2}}=\log_2 \sqrt{8}$　　←$n=\log_a a^n$

$\sqrt{8}<3$ より　$\log_2 \sqrt{8}<\log_2 3$

∴　$\log_3 2<\log_4 8<\log_2 3$　　よって，**b, c, a**

アドバイス

- 対数の大小をくらべる場合，くらべる対数の底をそろえるのは当然である。それから，真数の大小を比較する。ただし，真数を単純に比較できないこともある。そんなときは，求めやすい近くの値で比較することを考える。

これで　解決！

対数の大小は　➡　同じ底の対数で表し，真数を比較

練習111　$\dfrac{3}{2}$, $\log_4 10$, $\log_2 3$ を小さい順に並べよ。　〈法政大〉

112 桁数の計算

$\log_{10} 2=0.3010$, $\log_{10} 3=0.4771$ とするとき，$\log_{10} 24=\boxed{}$ であり，24^{20} は $\boxed{}$ 桁の数である。　〈大阪電通大〉

解　$\log_{10} 24=\log_{10} 8+\log_{10} 3=3\log_{10} 2+\log_{10} 3$

　　　　$=3\times 0.3010+0.4771=\mathbf{1.3801}$

$\log_{10} 24^{20}=20\log_{10} 24=20\times 1.3801=27.602$

∴　$10^{27}<24^{20}<10^{28}$　　よって，**28 桁**

アドバイス

- 自然数 N の桁数は常用対数をとって調べる。$10^1 \leq N<10^2$ ならば N は 2 桁，$10^{-1}\leq N<10^0$ ならば N は小数第 1 位に初めて 0 以外の数が現れる。これから類推して考えていこう。

これで　解決！

桁数の問題は　　　$10^{n-1}\leq N<10^n$ ならば N は n 桁の数
常用対数をとり　➡　$10^{-n}\leq N<10^{-n+1}$ ならば N は小数第 n 位に初めて 0 以外

練習112　6^{30} は何桁の整数か。また，$\left(\dfrac{1}{5}\right)^{25}$ を小数で表すと，0 でない数が初めて現れるのは小数第何位か。ただし，$\log_{10} 2=0.3010$, $\log_{10} 3=0.4771$ とする。　〈福井県立大〉

113 対数関数の最大・最小

(1) 関数 $y=\log_2(x-1)+\log_2(5-x)$ は $x=\boxed{}$ のとき，最大値 $\boxed{}$ をとる。 〈東海大〉

(2) $1\leq x\leq 2$ における $y=2\log_2 x+(\log_2 x)^2$ の最大値と最小値を求めよ。 〈群馬大〉

解

(1) (真数)>0 より $x-1>0$, $5-x>0$
∴ $1<x<5$ ……①
(与式)$=\log_2(x-1)(5-x)=\log_2(-x^2+6x-5)$
(真数)$=f(x)=-x^2+6x-5=-(x-3)^2+4$
(底)$=2>1$ だから $f(x)$ が最大になるとき，y は最大になる。
①を考えて，$x=3$ のとき，最大値 $\log_2 4=2$

← (真数)>0 の条件ははじめに押さえる。

← 真数部分だけで考える。

← 底が1より大きいか小さいかを確認する。

(2) $\log_2 x=t$ とおくと，$1\leq x\leq 2$ より $0\leq t\leq 1$
$y=2t+t^2=(t+1)^2-1$
右のグラフより
$t=1$ $(x=2)$ のとき，最大値 3
$t=0$ $(x=1)$ のとき，最小値 0

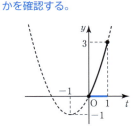

アドバイス

- (1) $y=\log_a f(x)$ の最大，最小は真数 $f(x)$ だけに目をつけて，最大，最小を調べればよい。ただし，$\log_a f(x)$ は底の a の値によって次のようになる。
$\log_a f(x)\begin{cases} a>1 \text{ のとき増加関数（真数が大きいほど} \log_a f(x) \text{の値も大きい。）} \\ 0<a<1 \text{ のとき減少関数（真数が大きいほど} \log_a f(x) \text{の値は小さい。）} \end{cases}$

- (2) $\log_a x=t$ とおいて，t におきかえた関数 $y=f(t)$ で考える。このとき，t のとりうる範囲をしっかり押さえておくのは当然のことだ。

これで 解決!

対数関数の最大・最小 → $\begin{cases} \text{(真数)}>0 \text{ はまず押さえる} \\ y=\log_a f(x) \cdots\cdots \text{真数 } f(x) \text{ の最大・最小で} \\ \log_a x \text{ の関数} \cdots\cdots \log_a x=t \text{ におきかえる} \end{cases}$

練習113 (1) $y=\log_2 x+\log_2(8-x)$ であるとき，y の最大値を求めよ。 〈類 星薬大〉

(2) $\dfrac{1}{4}\leq x\leq 4$ のとき，関数 $y=1-\log_{\frac{1}{4}} x-2(\log_{\frac{1}{4}} x)^2$ の最大値は $\boxed{}$ で，最小値は $\boxed{}$ である。 〈日本大〉

114 対数方程式・不等式

次の方程式，不等式を解け。
(1) $\log_2(x-2)+\log_2(7-x)=2$ 〈京都産大〉
(2) $\log_{\frac{1}{2}}(5-x)<2\log_{\frac{1}{2}}(x-3)$ 〈立教大〉

解

(1) (真数)>0 より $x-2>0,\ 7-x>0$
∴ $2<x<7$ ……①
$\log_2(x-2)(7-x)=\log_2 2^2$
∴ $(x-2)(7-x)=4$
$(x-3)(x-6)=0$
よって，$x=3,\ 6$ (①を満たす)

(2) (真数)>0 より $5-x>0,\ x-3>0$
∴ $3<x<5$ ……①
$\log_{\frac{1}{2}}(5-x)<\log_{\frac{1}{2}}(x-3)^2$

(底)$=\frac{1}{2}<1$ だから
$5-x>(x-3)^2,\ x^2-5x+4<0$
$(x-1)(x-4)<0$ ∴ $1<x<4$ ……②
①，②より $3<x<4$

――これは誤り――
$\log_2(x-2)+\log_2(7-x)=2$
$(x-2)+(7-x)=2$
と log をはずしてはいけない。

――真数の比較――
左辺，右辺の真数を1つにまとめて比較する。
$\log_a \bigcirc = \log_a \square$
$\bigcirc = \square$

←底が $\frac{1}{2}$ だから log をはずすとき，不等号の向きが変わる。

←①，②の共通範囲が解。

アドバイス ················
▶対数方程式，不等式を解くときの注意◀
- はじめに(真数)>0 の条件を求める。しかも，与えられた式のままで。
- 不等式では，指数のときと同様に底の大，小により不等号の向きが変わる。log の計算に気を取られて忘れないように。
- 底が異なる場合，底の変換をして底を統一するのはいうまでもない。

これで解決!

対数方程式 ⇒ $\log_a x = \log_a y \longrightarrow x=y$
対数不等式 $\log_a x > \log_a y$ ⟨ $a>1$ のとき，$x>y$
                                    $0<a<1$ のとき，$x<y$

■**練習114** 次の方程式，不等式を解け。
(1) $\log_{10} x + \log_{10}(x-3)=1$ 〈高知工科大〉
(2) $\log_2(x-4)=\log_4(x-2)$ 〈釧路公立大〉
(3) $\log_{\frac{1}{2}}(x-2)+\log_{\frac{1}{2}}(x-3)>-2$ 〈立教大〉
(4) $4\log_4 x \leqq \log_2(4-x)+1$ 〈新潟大〉

115 接線：曲線上の点における

(1) 曲線 $y=x^3+x^2-3x+4$ 上の点 $(-1,\ 7)$ における接線の方程式は $y=\boxed{}$ である。 〈千葉工大〉

(2) 曲線 $y=x^3+1$ の接線で傾きが3であるものは $y=\boxed{}$，および $y=\boxed{}$ である。 〈工学院大〉

解

(1) $y=f(x)$ とおくと $f'(x)=3x^2+2x-3$
$f'(-1)=-2$ だから，$y-7=-2(x+1)$
∴ $y=-2x+5$

接線の方程式
傾き
$y-f(a)=f'(a)(x-a)$
接点の座標

(2) $y=f(x)$ とおくと $f'(x)=3x^2$
傾きが3だから，$f'(x)=3$ となる x の値は
$3x^2=3$ より $x=\pm 1$
$f(1)=2$ より接点が $(1,\ 2)$ のとき
$y-2=3(x-1)$ ∴ $y=3x-1$
$f(-1)=0$ より接点が $(-1,\ 0)$ のとき
$y-0=3(x+1)$ ∴ $y=3x+3$

←傾きがわかれば，接点もわかる。

←接点の y 座標は x の値を $f(x)$ に代入する。

アドバイス

- 曲線 $y=f(x)$ において，$f'(x)$ は曲線上の点 $(x,\ f(x))$ における接線の傾きを表す。そして 接点 $(x,\ f(x))$ ……$f'(x)$ ……傾き は互いに結ばれていて，接点がわかれば傾きが，傾きがわかれば接点が，$f'(x)$ を用いて求められる。
- また，接点を通り，接線に垂直な直線を **法線** といい，次の式で表される。

$(a,\ f(a))$ における法線の方程式は $y-f(a)=-\dfrac{1}{f'(a)}(x-a)$

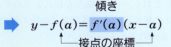

練習 115 (1) $f(x)=x^3-2x+3$ のとき，曲線 $y=f(x)$ 上の $x=-2$ である点における接線の方程式を求めよ。 〈広島工大〉

(2) 曲線 $y=x^3-3x^2$ の接線のうち，傾きが9であるものをすべて求めよ。 〈東京電機大〉

(3) 2つの放物線 $y=x^2+ax+a$ と $y=-2x^2+x+1$ が点 A を共有し，その点で共通な接線をもつとき，接点と，共通接線の方程式を求めよ。 〈類 福岡大〉

116 接線：曲線外の点を通る接線と本数

(1) 点 $(0, -12)$ から曲線 $y = x^3 + 4$ に引いた接線の方程式を求めよ。
〈青山学院大〉

(2) 点 $(2, a)$ を通って，曲線 $y = x^3$ に3本の接線が引けるような a の値の範囲を求めよ。
〈大阪教育大〉

解

(1) 接点を (t, t^3+4) とおくと，
$y' = 3x^2$ だから接線の方程式は
$$y - (t^3+4) = 3t^2(x - t)$$
$$y = 3t^2 x - 2t^3 + 4 \quad \text{点 }(0, -12)\text{ を通るから}$$
$$-12 = -2t^3 + 4 \quad \therefore \quad (t-2)(t^2 + 2t + 4) = 0$$
t は実数だから $t = 2$　よって，$y = 12x - 12$

←接点がわからないから接点を $(t, f(t))$ とおく。
←傾きは y' に $x = t$ を代入して，$y' = 3t^2$

(2) 接点を (t, t^3) とおくと
$y' = 3x^2$ だから接線の方程式は
$$y - t^3 = 3t^2(x - t)$$
$$y = 3t^2 x - 2t^3 \quad \text{点 }(2, a)\text{ を通るから}$$
$$a = 6t^2 - 2t^3 \quad \therefore \quad 2t^3 - 6t^2 + a = 0$$
これが異なる3つの実数解をもてばよいから
$f(t) = 2t^3 - 6t^2 + a$ として，$f'(t) = 6t(t - 2)$
$f(t)$ は $t = 0, 2$ で極値をもつので
$f(0) \cdot f(2) = a(a - 8) < 0$ より $\boldsymbol{0 < a < 8}$

←傾きは $y' = 3x^2$ に $x = t$ を代入して，$y' = 3t^2$

←t の実数解の個数だけ接点があり接線が引ける。

←3次方程式が異なる3つの実数解をもつ条件（122参照）

アドバイス

- 曲線外の点 (p, q) を通る接線を求める手順
  接点を $(t, f(t))$ とおく ── 接線の方程式を求める ── (p, q) を代入して t の方程式をつくり，t の値を求める。異なる t の値の数だけ接線が引ける。

- 接線が何本引けるかの考え方
  （接線の本数）＝（接点の個数）── 接点 t についての方程式の実数解の個数を調べる。

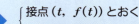

| 曲線外の点を通る接線 ➡ | 接点 $(t, f(t))$ とおく
接線の本数は接点の個数を調べよ |

練習116 $f(x) = x^3 - 3x$ とするとき，次の問いに答えよ。
(1) 曲線 $y = f(x)$ 上の点 $(a, f(a))$ における接線の方程式を求めよ。
(2) 曲線 $y = f(x)$ 上の接線のうち，点 $(2, 2)$ を通るものをすべて求めよ。
(3) 点 $(2, t)$ から曲線 $y = f(x)$ に3本の接線が引けるとき，t の値の範囲を求めよ。
〈岩手大〉

数II　微分・積分　107

117　$f(x)$ が $x=\alpha,\ \beta$ で極値をとる

$f(x)=ax^3+bx^2+cx+d$ が $x=-2$ で極大値 11，$x=1$ で極小値 -16 をとるように $a,\ b,\ c,\ d$ の値を定めよ。　　〈日本医大〉

解　　$f'(x)=3ax^2+2bx+c$

$x=-2,\ 1$ で極値をとるから

$\qquad f'(-2)=12a-4b+c=0$　　……①　　←極値をとる x の値で

$\qquad f'(1)=3a+2b+c=0$　　……②　　　$f'(x)=0$ となる。

$x=-2$ で極大値 11 だから

$\qquad f(-2)=-8a+4b-2c+d=11$ ……③　　←①〜④の連立方程式は

$x=1$ で極小値 -16 だから　　　　　　　　　まず，③－④で d を消去して

$\qquad f(1)=a+b+c+d=-16$　　……④　　　　$-3a+b-c=9$　…⑤

①，②，③，④の連立方程式を解いて　　　　①－②で　$9a-6b=0$

$\qquad \boldsymbol{a=2,\ b=3,\ c=-12,\ d=-9}$　　①+⑤で　$9a-3b=9$

（このとき条件を満たす。）　　　　　　　　これより　$a=2,\ b=3$

別解　　$x=-2,\ 1$ で極値をもつから

$f'(x)=3ax^2+2bx+c=3a(x+2)(x-1)$　とおける。

$3ax^2+2bx+c=3ax^2+3ax-6a$　より　　←係数比較

$\qquad 2b=3a$　……①′，　$c=-6a$　……②′

として①′，②′，③，④の連立方程式を解いてもよい。

アドバイス

- 3次関数 $f(x)$ が $x=\alpha,\ \beta$ で極値をとれば $f'(\alpha)=0,\ f'(\beta)=0$ である。すなわち $f'(x)=0$ の 2 つの実数解が $\alpha,\ \beta$ ということで，これは $f'(x)=k(x-\alpha)(x-\beta)$ の形にも表せる。（k は x^2 の係数）
- また，「$f'(x)$ は $x=\alpha$ で極値 p をとる……」　　この条件の中には $f'(\alpha)=0$ と $f(\alpha)=p$ の 2 つの条件を含んでいるから注意する。

これで 解決！

$f(x)$ が $x=\alpha,\ \beta$ で極値をとる　➡　$f'(\alpha)=0,\ f'(\beta)=0$

$f(x)$ は $x=\alpha$ で極値 p をとる　➡　$f'(\alpha)=0$　かつ　$f(\alpha)=p$

練習117　関数 $f(x)=ax^3+bx^2+cx+d$ が $x=-1$ で極大値 17，$x=2$ で極小値 -10 をとるように $a,\ b,\ c,\ d$ を決定せよ。　　〈鹿児島大〉

118 増減表と極大値・極小値

関数 $f(x)=x^3-3ax^2+4a$ $(a>0)$ が極小値 0 をとるとき，a の値を求めよ。 〈類　東洋大〉

解　$f'(x)=3x^2-6ax=3x(x-2a)$
$a>0$ だから，増減表をかくと右のようになる。
極小値は $f(2a)=8a^3-12a^3+4a=-4a^3+4a$
$-4a^3+4a=0$ より $4a(a+1)(a-1)=0$
$a>0$ だから $a=1$

x	$\cdots$	0	$\cdots$	$2a$	$\cdots$
$f'(x)$	$+$	0	$-$	0	$+$
$f(x)$	↗	極大	↘	極小	↗

アドバイス
- 関数 $f(x)$ は $f'(x)=0$ となる x（しかもそこで符号が変わる）で極値をとる。しかし，それが極大値か極小値かは増減表をかいて調べよう。

これで解決！

関数の極大値・極小値　➡　$f'(x)=0$ となる x ……増減表をかく

練習118　関数 $f(x)=x^3-3ax^2-9a^2x+1$ の極大値，極小値をとる x の値を求めよ。ただし，$a>0$ とする。 〈類　静岡大〉

119 3次関数が極値をもつ条件・もたない条件

3次関数 $f(x)=x^3-3ax^2+3ax$（a は定数）が極値をもつとき，a の値の範囲を求めよ。 〈北海学園大〉

解　$f'(x)=3x^2-6ax+3a$
$f'(x)=0$ が異なる 2 つの実数解をもてばよいから
$D/4=(-3a)^2-3\cdot 3a=9a(a-1)>0$
よって，$a<0$，$1<a$

$f'(x)=k(x-\alpha)(x-\beta)$ $(k>0)$

x	$\cdots$	α	$\cdots$	β	$\cdots$
$f'(x)$	$+$	0	$-$	0	$+$
$f(x)$	↗	極大	↘	極小	↗

$(\alpha<\beta)$

アドバイス
- 上の表のように，$f'(x)=0$ が異なる 2 つの実数解をもつとき，極値が存在する。重解や異なる 2 つの実数解をもたないときは極値は存在しない。

これで解決！

3次関数 $f(x)$ が　｛極値をもつ　➡　$f'(x)=0$ が異なる 2 つの実数解をもつ
　　　　　　　　　｛極値をもたない　➡　$f'(x)=0$ が異なる 2 つの実数解をもたない

練習119　3次関数 $f(x)=x^3+3ax^2+ax+a$ が極値をもたないとすると，a の値の範囲は □ である。 〈帝京大〉

数Ⅱ　微分・積分　109

120 関数の最大・最小（定義域が決まっているとき）

関数 $f(x)=ax^3-3ax^2+b$ $(a>0)$ の区間 $-2\leqq x\leqq 3$ における最大値が 9，最小値が -11 のとき，a，b の値を求めよ。　〈日本大〉

解　　$f'(x)=3ax^2-6ax=3ax(x-2)$

← $f'(x)$ を求める。

$-2\leqq x\leqq 3$ の範囲で増減表をかくと，$a>0$ より

←問題の条件より $a>0$ であることに注意して増減表をかく。

x	-2	$\cdots$	0	$\cdots$	2	$\cdots$	3
$f'(x)$		$+$	0	$-$	0	$+$	
$f(x)$	$-20a+b$	↗	b	↘	$-4a+b$	↗	b

$f(-2)=-8a-12a+b$
$\qquad =-20a+b$

$f(0)=b$

$f(2)=8a-12a+b$
$\qquad =-4a+b$

$f(3)=27a-27a+b$
$\qquad =b$

←極大値，極小値，区間の両端の値を求める。

増減表より

　　最大値は b　　∴　$b=9$

$a>0$ より　$-20a+b<-4a+b$　だから

←どちらが大きいか調べる。

　　最小値は $-20a+b$

　　　　$-20a+9=-11$　　∴　$a=1$

　　よって，$a=1$，$b=9$

アドバイス ・・

▶**定義域が与えられた関数の最大・最小の考え方**◀

- まず，定義域の範囲で増減表をかく。
- 極値と区間の両端の値が最大値，最小値の候補になる。
- 値に文字を含む場合は，文字による場合分けを考える。

これで **解決** !

関数の最大・最小　➡　増減表がかけなければ戦えない
極値，区間の両端は最大値，最小値の候補

■**練習120**　関数 $f(x)=ax^3-3ax^2+b$ の $1\leqq x\leqq 3$ における最大値が 10 で最小値 -2 であるとき，$a=\boxed{}$，$b=\boxed{}$ である。ただし，$a<0$ とする。　〈青山学院大〉

121 $f(x)=a$ の解の個数と解の正，負

3次方程式 $x^3+5x^2+3x+a=0$ が正の解を1個，負の解を2個もつような定数 a の値の範囲を求めよ。 〈東京女子大〉

解 方程式を $-x^3-5x^2-3x=a$ として，
$y=-x^3-5x^2-3x$ ……① と
$y=a$ ……②
のグラフで考える。
$y'=-3x^2-10x-3$
$=-(x+3)(3x+1)$

← $f(x)=a$ の形にする。
← $y=f(x)$ と $y=a$ のグラフの交点で考える。

x	$\cdots$	-3	$\cdots$	$-\dfrac{1}{3}$	$\cdots$
y'	$-$	0	$+$	0	$-$
y	↘	-9	↗	$\dfrac{13}{27}$	↘

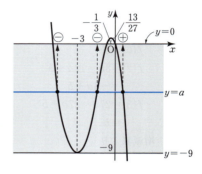

グラフより $y=a$ のグラフが右の灰色部分にあるとき，正の解を1個，負の解を2個もつ。
よって，$-9<a<0$

アドバイス
- 方程式が $f(x)-a=0$ と定数項だけに文字を含む場合は $f(x)=a$ と変形して $y=f(x)$ と $y=a$ のグラフの共有点で考えるのがわかりやすい。
- 解の個数だけでなく，グラフとグラフの交点から，x 軸に垂線を下ろすことによって解の正，負も明らかになる。
- なお，$x^3-3ax+2=0$ のように $f(x)=a$ と変形できない場合は，122のように，$y=x^3-3ax+2$ のグラフで考える。
いずれにしても，解の個数や解の正負は，グラフをかいて視覚的にとらえるのが明快だ！

これで解決！

$f(x)=a$ の実数解の個数 ⇒ $y=f(x)$ と $y=a$ のグラフの共有点の個数
解の正，負は x 軸上に現れる

練習121 $f(x)=x^3-3x^2$ とするとき，次の問いに答えよ。
(1) $f(x)$ の増減を調べ，$y=f(x)$ のグラフをかけ。
(2) $a \geqq 0$ とする。方程式 $|f(x)|=a$ の異なる解の個数を調べよ。
(3) (2)で，異なる4つの解をもつとき，一番小さな解を α とする。このとき，α のとりうる値の範囲を求めよ。 〈(1)，(2)島根大〉

122 $f(x)=0$ の解の個数（極値を考えて）

方程式 $x^3-3px+q=0$ （ただし，p, q は実数）が，3つの異なる実数解をもつための条件を求めよ。 〈類 慶応大〉

解　$f(x)=x^3-3px+q$ とおくと，$f'(x)=3x^2-3p$

(i) $p>0$ のとき

$f'(x)=3(x+\sqrt{p})(x-\sqrt{p})$

$x=-\sqrt{p}$, $\sqrt{p}$ で極値をもつから

$f(-\sqrt{p})\cdot f(\sqrt{p})<0$ ならばよい。

$(2p\sqrt{p}+q)(-2p\sqrt{p}+q)<0$

∴　$q^2-4p^3<0$ （$p>0$ を満たす。）

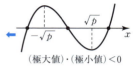
（極大値）・（極小値）<0

(ii) $p\leqq 0$ のとき

$f'(x)\geqq 0$ で $f(x)$ は単調増加であるから x 軸との共有点は1個。

よって，(i), (ii)より　$\boldsymbol{q^2-4p^3<0}$

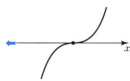

アドバイス

- 3次関数 $y=f(x)$ のグラフと x 軸の共有点は，極値との関係で次のように分類できる。（x^3 の係数は正）

・3点で交わる　　・交点と接点が1つ　　・1点で交わる

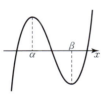

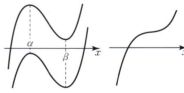

（極大値）・（極小値）<0
α, β どちらが極大，極小であっても関係ない。

㋐ $\begin{cases}（極大値）>0 \\ （極小値）=0\end{cases}$

㋑ $\begin{cases}（極大値）=0 \\ （極小値）<0\end{cases}$

（極大値）・（極小値）>0

極値がない。
（単調増加）

これで 解決!

3次関数 $y=f(x)$ のグラフと x 軸との共有点

➡ 極値の正，負でグラフが決まる　➡ （極大値）・（極小値）<0 なら異なる共有点は3個

練習122　k は定数で，$k\neq -1$ とする。3次関数 $y=-(k+1)x^3+3(k+1)x+2k$ のグラフが x 軸と3つの共有点をもつとき，k の値の範囲を求めよ。 〈東京都市大〉

123 定積分と最大・最小

座標平面上で，直線 $y=ax-b$ が点 $(1, 1)$ を通っている。ただし，a, b は実数である。このとき，$\int_0^1 (ax-b)^2 dx$ が最小になるような a, b を求めると，$a=\boxed{}$，$b=\boxed{}$ であり，最小値は $\boxed{}$ である。

〈神戸学院大〉

解 直線 $y=ax-b$ が点 $(1, 1)$ を通るから，
$1=a-b$ ∴ $b=a-1$
これを与式に代入して

$\int_0^1 (ax-a+1)^2 dx$
$= \int_0^1 \{a^2 x^2 - 2a(a-1)x + (a-1)^2\} dx$
$= \left[\dfrac{1}{3} a^2 x^3 - a(a-1) x^2 + (a-1)^2 x \right]_0^1$
$= \dfrac{1}{3} a^2 - a(a-1) + (a-1)^2$
$= \dfrac{1}{3} a^2 - a + 1 = \dfrac{1}{3} \left(a - \dfrac{3}{2} \right)^2 + \dfrac{1}{4}$

よって，$a = \dfrac{3}{2}$，$b = \dfrac{1}{2}$，最小値 $\dfrac{1}{4}$

←まず，通る点を代入して a, b の関係式を求める。

←$\int_0^1 (ax-b)^2 dx$ のまま計算してもよいが，$b=a-1$ を代入して a だけにしておく方が式が見やすい。

←a についての2次関数と考えて，平方完成する。

アドバイス

- この種の問題では定積分記号はついているが，本質的には「数と式」や「2次関数」，「方程式・不等式」など数Ⅰの問題になるものが多い。むしろ，そちらの方の考え方が要求される。
- 定積分の記号は恐れることはなく，ただのカムフラージュと考えよう。定積分の計算を間違わずに行い条件式を出すことが第一歩である。

これで解決！

定積分と定数の決定 ➡ 恐れるな！ 定積分記号はカムフラージュ
定積分を計算して条件式を出せ

練習123 a, b を実数とする。xy 平面上の直線 $y=ax+b$ が点 $(1, 2)$ を通るとき，$\int_{-1}^1 (ax+b)^2 dx$ の値が最小になるのは $a=\boxed{}$，$b=\boxed{}$ のときである。

〈明治大〉

124 絶対値を含む関数の定積分

次の定積分を求めよ。
(1) $\int_0^2 (|x-1|-x)\,dx$ 〈北陸大〉 (2) $\int_0^3 |x(x-2)|\,dx$ 〈鳥取大〉

解

(1) $|x-1|=\begin{cases} x-1 & (x \geq 1) \\ -x+1 & (x \leq 1) \end{cases}$ だから

$$(与式)=\int_0^1 (-x+1-x)\,dx+\int_1^2 (x-1-x)\,dx$$
$$=\Big[-x^2+x\Big]_0^1-\Big[x\Big]_1^2=-1$$

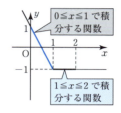

(2) $|x(x-2)|=\begin{cases} x(x-2) & (x \leq 0,\ 2 \leq x) \\ -x(x-2) & (0 \leq x \leq 2) \end{cases}$ だから

$$(与式)=\int_0^2 (-x^2+2x)\,dx+\int_2^3 (x^2-2x)\,dx$$
$$=\Big[-\frac{1}{3}x^3+x^2\Big]_0^2+\Big[\frac{1}{3}x^3-x^2\Big]_2^3$$
$$=\Big(-\frac{8}{3}+4\Big)+\Big\{(9-9)-\Big(\frac{8}{3}-4\Big)\Big\}$$
$$=\frac{8}{3}$$

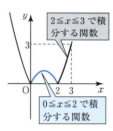

アドバイス

- 絶対値を含む関数の定積分では，積分区間で被積分関数が変わることが多い。どこからどこまでがどの関数であるかをしっかり見極めることがすべてといっていい。
- それには場合分けをして絶対値をはずし，積分区間と被積分関数との対応を調べなければならない。フリーハンドでいいから被積分関数のグラフの概形がかければしめたものだ。

これで 解決!

$\int_a^b |絶対値を含む|\,dx$ ➡
- 絶対値をはずせば関数が変わる
- 積分区間と積分する関数を一致させる
- 積分する関数のグラフをかくと一目瞭然

練習124 次の定積分を求めよ。
(1) $\int_0^3 x|x-1|\,dx$ 〈青山学院大〉 (2) $\int_{-3}^1 |(x+1)(x-3)|\,dx$ 〈北海道薬大〉

125 絶対値と文字を含む関数の定積分

積分 $I = \int_{-1}^{1} |x-a| dx$ の値は $a \geq \boxed{}$ のとき $I = \boxed{}$, $\boxed{} \leq a \leq \boxed{}$ のとき $I = \boxed{}$, $a \leq \boxed{}$ のとき $I = \boxed{}$ である。

〈関西学院大〉

解 a の値によってグラフが動くから,積分区間 $[-1, 1]$ に対して次の3通りの場合分けが考えられる。

$a \leq -1$ のとき　　　　　　$-1 \leq a \leq 1$ のとき　　　　　　$1 \leq a$ のとき

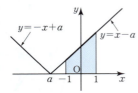 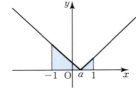 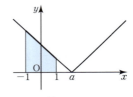

$I = \int_{-1}^{1}(x-a)dx$　　　$I = \int_{-1}^{a}(-x+a)dx + \int_{a}^{1}(x-a)dx$　　　$I = \int_{-1}^{1}(-x+a)dx$

$ = \left[\dfrac{1}{2}x^2 - ax\right]_{-1}^{1}$　　　$ = \left[-\dfrac{1}{2}x^2 + ax\right]_{-1}^{a} + \left[\dfrac{1}{2}x^2 - ax\right]_{a}^{1}$　　　$ = \left[-\dfrac{1}{2}x^2 + ax\right]_{-1}^{1}$

$ = -2a$　　　　　　　　$ = a^2 + 1$　　　　　　　　　　　　　　$ = 2a$

アドバイス

▶場合分けが必要な定積分◀

- 上の3通りの場合分けをみてもわかるように,積分区間を定義域とみれば,その区間でどの関数を積分するかを考えることに集約される。
- x 軸上に積分区間をかきグラフを左から動かしていけば積分区間と被積分関数との関係が明らかになる。グラフの動きがわからないときは,a に具体的な値(例えば $a = 0,\ 1,\ 2$)を代入して調べるのがよい。

| 文字を含む関数の
定積分(グラフが動く) | ⇒ | ・積分区間を定義域と考える
・被積分関数のグラフを動かす
・積分区間とグラフとの関係をつかむ |

■**練習125** 関数 $f(t) = \int_{0}^{3}|x-t|dx$ がある。次の問いに答えよ。

(1) 関数 $f(t)$ を求めよ。　　　(2) $\int_{-1}^{2} f(t)dt$ の値を求めよ。　〈福島大〉

数II 微分・積分 115

126 定積分で表された関数

(1) $f(x) = -x^2 + 6x\int_0^1 f(t)\,dt$ を満たす関数 $f(x)$ を求めよ。〈立教大〉

(2) $\int_a^x f(t)\,dt = 3x^2 + x + a - 1$ を満たすとき，関数 $f(x)$ と定数 a の値を求めよ。 〈大阪工大〉

解

(1) $\int_0^1 f(t)\,dt = k$（定数）とおくと

$f(x) = -x^2 + 6kx$ と表せる。

これより $f(t) = -t^2 + 6kt$

$k = \int_0^1 (-t^2 + 6kt)\,dt = \left[-\dfrac{1}{3}t^3 + 3kt^2 \right]_0^1$

$\therefore \quad k = -\dfrac{1}{3} + 3k \quad$ より $\quad k = \dfrac{1}{6}$

よって，$f(x) = -x^2 + x$

← $\int_0^1 f(t)\,dt$ はある値（定数）になるから k とおく。

← $k = \int_0^1 f(t)\,dt$ を計算。
$\boxed{f(t) = -t^2 + 6kt \text{ を代入}}$

(2) 両辺を x で微分すると

$\dfrac{d}{dx}\int_a^x f(t)\,dt = (3x^2 + x + a - 1)'$

$\therefore \quad f(x) = 6x + 1$

与式に $x = a$ を代入して

$\int_a^a f(t)\,dt = 3a^2 + a + a - 1 = 0$

$(3a - 1)(a + 1) = 0 \quad \therefore \quad a = \dfrac{1}{3},\ -1$

← $\dfrac{d}{dx}\int_a^x f(t)\,dt = f(x)$ を利用。

← x を a に代入して $\int_a^a f(t)\,dt = 0$ を利用。

アドバイス ···

• 定積分で表された関数の代表的考え方がこの2つといっていい。暗記だけでもなんとか対応できるので，次のように覚えておこう。

これで 解決！

$f(x) = g(x) + \displaystyle\int_a^b f(t)\,dt \implies \int_a^b f(t)\,dt = k$（定数）とおく。

┈┈ ある値になるから ┈┈

$\displaystyle\int_a^x f(t)\,dt$ のある式 $\implies \dfrac{d}{dx}\int_a^x f(t)\,dt = f(x),\ \int_a^a f(t)\,dt = 0$ を利用

練習126 (1) $f(x) = 2x^2 - x + 3\int_0^2 f(t)\,dt$ を満たす関数 $f(x)$ を求めよ。 〈福井工大〉

(2) $\int_a^x f(t)\,dt = 3x^3 - 5x^2 - 4x + 4$ を満たすとき，関数 $f(x)$ と a の値を求めよ。

〈西南学院大〉

127 放物線と直線で囲まれた部分の面積

放物線 $C: y=x^2$ と直線 $l: y=x+2$ とは2点 ☐ および ☐ で交わる。また C と l とで囲まれた部分の面積は ☐ である。

〈関西学院大〉

解　$x^2=x+2$, $(x-2)(x+1)=0$
∴　$x=2, -1$

よって，2点 $(2, 4)$, $(-1, 1)$ で交わる。

$$S=\int_{-1}^{2}(x+2-x^2)dx=\left[-\frac{1}{3}x^3+\frac{1}{2}x^2+2x\right]_{-1}^{2}$$

$$=\left(-\frac{8}{3}+2+4\right)-\left(\frac{1}{3}+\frac{1}{2}-2\right)=\frac{9}{2}$$

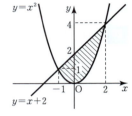

別解　$S=\int_{-1}^{2}(x+2-x^2)dx=-\int_{-1}^{2}(x+1)(x-2)dx$　←この式をかいて公式を使う。

$$=\frac{\{2-(-1)\}^3}{6}=\frac{9}{2}$$

←$S=\dfrac{|\alpha|(\beta-\alpha)^3}{6}$ を利用。

アドバイス

- 放物線と直線で囲まれた部分の面積を求めるには，普通に計算してもよいが，ここでは別解の方をすすめる。交点を求めさえすれば積分する必要がないから便利だ。

  これは $-\int_{\alpha}^{\beta}(x-\alpha)(x-\beta)dx=\dfrac{(\beta-\alpha)^3}{6}$ から導かれる。

- さらに，放物線と放物線で囲まれた部分の面積を求める場合にも使える。
  これは利用価値が高いから積極的に使いたい。

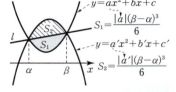

これで解決!

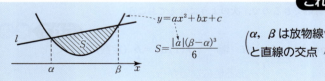

$S=\dfrac{|a|(\beta-\alpha)^3}{6}$　$\begin{pmatrix}\alpha, \beta \text{ は放物線}\\ \text{と直線の交点}\end{pmatrix}$

練習127　(1) 放物線 $y=x^2$ と直線 $y=3x-2$ によって囲まれた図形の面積を求めよ。

〈信州大〉

(2) 2つの放物線 $\begin{cases} y=x^2-4x+2 \\ y=-x^2+2x+2 \end{cases}$ で囲まれる部分の面積を求めよ。 〈中央大〉

(3) 関数 $f(x)=|x(x+2)|$ のグラフ C と直線 $y=1$ で囲まれた部分の面積を求めよ。

〈関西大〉

128 面積の最小値・最大値

点 $(1, 2)$ を通り，傾き m の直線と放物線 $y=x^2$ とで囲まれた部分の面積 S の最小値を求めよ。　　　　〈類　慶応大〉

解　直線の方程式は $y-2=m(x-1)$
∴　$y=mx-m+2$
放物線 $y=x^2$ との交点の x 座標を α, β $(\alpha<\beta)$ とすると，
α, β は，$x^2-mx+m-2=0$ ……①

の解だから　$x=\dfrac{m\pm\sqrt{m^2-4m+8}}{2}$　より

$\beta-\alpha=\sqrt{m^2-4m+8}$

∴　$S=\displaystyle\int_{\alpha}^{\beta}(mx-m+2-x^2)dx$

$=-\displaystyle\int_{\alpha}^{\beta}(x-\alpha)(x-\beta)dx$

$=\dfrac{(\beta-\alpha)^3}{6}=\dfrac{1}{6}(\sqrt{m^2-4m+8})^3$

←放物線と直線で囲まれた部分の面積（127参照）。

←$\alpha=\dfrac{m-\sqrt{m^2-4m+8}}{2}$

$\beta=\dfrac{m+\sqrt{m^2-4m+8}}{2}$

ここで，$m^2-4m+8=(m-2)^2+4$　より
$m=2$ のとき，最小値 4 をとる。

よって，最小値は　$S=\dfrac{(\sqrt{4})^3}{6}=\dfrac{4}{3}$

別解　▶解と係数の関係を利用した $\beta-\alpha$ の求め方◀
①の式に解と係数の関係をあてはめて
$\alpha+\beta=m$，$\alpha\beta=m-2$
$(\beta-\alpha)^2=(\alpha+\beta)^2-4\alpha\beta=m^2-4m+8$

∴　$S=\dfrac{1}{6}(\beta-\alpha)^3=\dfrac{1}{6}(m^2-4m+8)^{\frac{3}{2}}$

←$\{(\beta-\alpha)^2\}^{\frac{3}{2}}=(\beta-\alpha)^3$

アドバイス
- 直線や放物線の方程式に文字が含まれている場合，囲まれた部分の面積はその文字の関数として表される。
- この例では面積 S は m の関数になっていて，根号 $\sqrt{}$ があるが，最小値は根号の中だけを取り出した関数で考えればよい。

$\sqrt{f(m)}$ の最大値，最小値　➡　$f(m)$ だけ取り出す

■**練習128**　曲線 $C: y=(x-1)^2$ と直線 $y=ax+2$ で囲まれた部分の面積 S は $a=\boxed{}$ のとき，最小値 $\boxed{}$ となる。　　〈東洋大〉

129 面積を分ける直線，放物線

放物線 $y=-x^2+2x$ と x 軸で囲まれる部分の面積を，直線 $y=ax$ が 2 等分するように a の値を定めよ。 〈大阪薬大〉

解　$2x-x^2=0$ より $x=0, 2$
右図のように，面積を S_1, S_2 とおくと

$$S_1+S_2=\int_0^2 (2x-x^2)\,dx = -\int_0^2 x(x-2)\,dx$$
$$=\frac{(2-0)^3}{6}=\frac{4}{3}$$

←$-\int_\alpha^\beta (x-\alpha)(x-\beta)\,dx$
　$=\dfrac{(\beta-\alpha)^3}{6}$

放物線と直線の交点は
$2x-x^2=ax$, $x(x+a-2)=0$
∴ $x=0, 2-a$

$$S_1=\int_0^{2-a}(-x^2+2x-ax)\,dx$$
$$=-\int_0^{2-a} x(x-2+a)\,dx = \frac{(2-a)^3}{6}$$

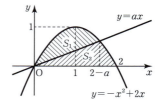

$S_1=S_2$ だから $\dfrac{2}{3}=\dfrac{(2-a)^3}{6}$

←$(2-a)^3$ は展開しない。

$(2-a)^3=4$ より $2-a=\sqrt[3]{4}$

←$x^3=k$ のとき $x=\sqrt[3]{k}$

よって，$a=2-\sqrt[3]{4}$

アドバイス

- 放物線と x 軸（直線）で囲まれた部分の面積を直線や放物線で分ける問題はよくある。定積分の計算では $S=\dfrac{|a|(\beta-\alpha)^3}{6}$（125 参照）を活用したい。
- また，3 乗根の解を求める計算もしばしば見られるが，展開しないで求めるのがコツだ。

これで解決!

面積を分ける直線，放物線 ➡ $S=\dfrac{|a|(\beta-\alpha)^3}{6}$ は full 出場

$(\beta-\alpha)^3=k$ は　展開しないで　$\beta-\alpha=\sqrt[3]{k}$ とする

練習129 放物線 $C_1: y=x^2-3x$ と放物線 $C_2: y=\dfrac{1}{4}x^2$ について，次の問いに答えよ。

(1) C_1 と C_2 の 2 つの共有点の座標を求めよ。
(2) C_1 と C_2 によって囲まれた部分の面積を求めよ。
(3) C_1 と C_2 によって囲まれた面積を 2 等分する直線を $y=ax$ とするとき，a の値を求めよ。ただし，$a<0$ とする。 〈大阪電通大〉

130 等差数列

(1) 第5項が22，第10項が47である等差数列 $\{a_n\}$ の一般項を求めよ。また，初項から第15項までの和を求めよ。 〈九州産大〉

(2) 初項から第6項までの和が72，初項から第12項までの和が360である等差数列 $\{a_n\}$ の初項から第20項までの和を求めよ。〈大阪産大〉

解 初項を a，公差を d とする。

(1) $a_5 = a + 4d = 22$ ……①
$a_{10} = a + 9d = 47$ ……②
①，②を解いて，$a = 2$，$d = 5$
よって，$a_n = 2 + (n-1) \cdot 5 = \mathbf{5n - 3}$

$S_{15} = \dfrac{1}{2} \cdot 15\{2 \cdot 2 + (15-1) \cdot 5\} = \mathbf{555}$ ← $S_n = \dfrac{1}{2}n\{2a+(n-1)d\}$ に代入。

別解 $a_{15} = 2 + 14 \cdot 5 = 72$ ∴ $S_{15} = \dfrac{1}{2} \cdot 15(2+72) = \mathbf{555}$ ← $S_n = \dfrac{1}{2}n(a+l)$ に代入。

> **等差数列の一般項**
> 初項 a，公差 d
> $a_n = a + (n-1)d$

(2) $S_6 = \dfrac{1}{2} \cdot 6\{2a + (6-1)d\} = 72$ より
$2a + 5d = 24$ ……①

$S_{12} = \dfrac{1}{2} \cdot 12 \cdot \{2a + (12-1)d\} = 360$ より
$2a + 11d = 60$ ……②

①，②を解いて $a = -3$，$d = 6$
よって，$S_{20} = \dfrac{1}{2} \cdot 20 \cdot \{2 \cdot (-3) + (20-1) \cdot 6\} = \mathbf{1080}$

> **等差数列の和**
> $S_n = \dfrac{1}{2}n\{2a+(n-1)d\}$
> $= \dfrac{1}{2}n(a+l)$ （l は末項）

アドバイス

- 等差数列は初項 a，公差 d，第 n 項（または項数）の3つの要素から成り立っている。問題中の条件を一般項や和の公式を使って式化すると，多くは連立方程式や不等式が出てくるからそれを解くことになる。

これで 解決!

等差数列 ➡ 一般項　　　　　和
$a_n = a + (n-1)d$　　$S_n = \dfrac{1}{2}n\{2a+(n-1)d\}$

練習130 (1) 等差数列 $\{a_n\}$ の第6項が13，第15項が31である。このとき，第30項は □ であり，第 □ 項は71である。また，初めて1000を超えるのは第 □ 項である。 〈国士舘大〉

(2) 等差数列の初項から第 n 項までの和を S_n とする。$S_{13} = 910$，$S_{23} = 1035$ のときこの数列の初項は □，公差は □ である。また，$S_n = $ □ となるから S_n が負になるのは $n = $ □ からである。 〈類　帝京大〉

131 等比数列

(1) 第4項が24，第7項が192である等比数列の初項と公比，第 n 項までの和を求めよ。　〈近畿大〉

(2) はじめの3項の和が3，次の3項の和が -24 である等比数列の初項と公比を求めよ。　〈愛知工大〉

解　初項を a，公比を r とする。

等比数列の一般項
初項 a，公比 r
$$a_n = ar^{n-1}$$

(1) $ar^3 = 24$ ……① $ar^6 = 192$ ……②

②÷①より $\dfrac{ar^{\cancel{6}3}}{a\cancel{r^3}} = \dfrac{\cancel{192}^{8}}{24}$ ∴ $r^3 = 8$

よって，$r = 2$ ①に代入して $a = 3$

$$S_n = \frac{3(2^n - 1)}{2 - 1} = 3 \cdot 2^n - 3$$

← ②÷①のように左辺どうし，右辺どうしで辺々割る計算は等比数列ではよく使う。

(2) $a + ar + ar^2 = 3$ ……①

$ar^3 + ar^4 + ar^5 = -24$ ……②

②÷①より $\dfrac{r^3(a + ar + ar^2)}{a + ar + ar^2} = \dfrac{-24}{3}$ ∴ $r^3 = -8$

よって，$r = -2$ ①に代入して $a = 1$

等比数列の和
$r \neq 1$ のとき
$$S_n = \frac{a(r^n - 1)}{r - 1}$$
$r = 1$ のとき
$$S_n = na$$

別解　$\dfrac{a(r^3 - 1)}{r - 1} = 3$ ……①，$\dfrac{a(r^6 - 1)}{r - 1} = -24 + 3 = -21$ ……②

②÷①より $\dfrac{a(r^6 - 1)}{\cancel{r - 1}} \times \dfrac{\cancel{r - 1}}{a(r^3 - 1)} = \dfrac{(r^3 + 1)\cancel{(r^3 - 1)}}{\cancel{r^3 - 1}} = -7$

∴ $r^3 = -8$ よって，$r = -2$

アドバイス ‥‥‥‥‥‥‥‥‥‥‥‥‥‥‥‥‥‥‥‥‥‥‥‥‥‥‥

- 等比数列は初項 a，公比 r，第 n 項（または項数）の3つの要素から成り立っている。
- 計算の中に累乗が出てくることが多いので，次の指数法則は知っておきたい。

$$a^m \times a^n = a^{m+n}, \quad a^m \div a^n = a^{m-n}, \quad (a^m)^n = a^{mn}, \quad a^{-n} = \frac{1}{a^n}$$

これで 解決！

等比数列 ➡

一般項	和
$a_n = ar^{n-1}$	$S_n = \dfrac{a(r^n - 1)}{r - 1} = \dfrac{a(1 - r^n)}{1 - r}$ $(r \neq 1)$

■練習131 (1) 等比数列の第2項が $\dfrac{1}{4}$，第9項が32であるとき，公比は ☐，初項 ☐ であり，この数列の初項から第 n 項までの和は ☐ である。　〈東海大〉

(2) 初項 a，公比 r の等比数列の初項から第 n 項までの和を S_n とする。$S_3 = 31$，$S_6 = 3906$ のとき，a と r を求めよ。　〈小樽商大〉

数B　数列

132 等差数列の和の最大値

初項 50，公差 -3 の等差数列の初項から第 n 項までの和の最大値は □ である。　〈工学院大〉

解
$a_n = 50 + (n-1)(-3) = -3n + 53$
$a_n \geq 0$ となるのは $-3n + 53 \geq 0$ から　$n \leq 17.6$ ……
よって，第 17 項までは正であるから，最大値は
$S_{17} = \dfrac{1}{2} \cdot 17\{2 \cdot 50 + (17-1) \cdot (-3)\} = 442$

←0 以上の項が第何項目までか調べる。

←初項から第 17 項までの和が最大。

アドバイス
・等差数列の和の最大値を求めるには，負になる前までの項を加えればよいから $a_n \geq 0$ を満たす最大の n をみつければよい。

これで解決！

等差数列の和の最大値　➡　$a_n \geq 0$ となる最大の n をさがせ！

練習132 初項 200，公差 d の等差数列 $\{a_n\}$ があり，第 15 項から第 20 項までの和が 309 である。公差 d と初項から第 n 項までの和 S_n の最大値を求めよ。　〈北海学園大〉

133 a, b, c が等差・等比数列をなすとき

3 つの数 2, a, b はこの順に等差数列をなし，3 つの数 a, b, 9 はこの順に等比数列をなすとき，a, b を求めよ。　〈摂南大〉

解
2, a, b が等差数列より　$2a = 2 + b$ ……①
a, b, 9 が等比数列より　$b^2 = 9a$ ……②
①，②を解いて，
$a = \dfrac{1}{4}$, $b = -\dfrac{3}{2}$　または　$a = 4$, $b = 6$

←$b = 2a - 2$ を②に代入。
$(2a - 2)^2 = 9a$
$(4a - 1)(a - 4) = 0$
$a = \dfrac{1}{4}$, 4

アドバイス
・a, b, c がこの順で等差数列をなすとき，公差 $b - a = c - b$ だから $2b = a + c$
また，等比数列をなすとき，公比 $\dfrac{b}{a} = \dfrac{c}{b}$ から $b^2 = ac$ の関係が導ける。

これで解決！

a, b, c がこの順に　➡　等差数列をなす ……▶ $2b = a + c$
　　　　　　　　　　　　　等比数列をなす ……▶ $b^2 = ac$
を使う

練習133 相異なる実数 x, y に対して，x, y, -4 が等差数列をなし，y, x, -4 が等比数列をなすならば，$x =$, $y =$ である。　〈中部大〉

134 p で割って r_1 余り，q で割って r_2 余る数列

1000以下の自然数のうちで4で割っても，6で割っても1余るものはいくつあるか。　〈北見工大〉

解 4で割って1余る数は　1, 5, 9, 13, 17, 21, 25, ……
6で割って1余る数は　1, 7, 13, 19, 25, 31, ……
問題の数列は，初項が1，公差は4と6の最小公倍数12であるから
$a_n = 1 + (n-1) \cdot 12 = 12n - 11$,　$1 \le 12n - 11 \le 1000$
$1 \le n \le 84.2$ ……　から　$n = 84$（個）

アドバイス

- p で割って r_1 余り，q で割って r_2 余る数でつくられる数列の公差は，p と q の最小公倍数になっている。初項は少し並べてかけばわかるだろう。

これで解決！

$\left.\begin{array}{l} p \text{ で割って } r_1 \\ q \text{ で割って } r_2 \end{array}\right\}$余る数列　➡　等差数列で，公差は p と q の最小公倍数

■**練習134**　3で割ると2余り，5で割ると3余る自然数を，小さい方から並べてできる数列を $\{a_n\}$ とする。a_n の一般項を求めよ。　〈類 関西大〉

135 $S_n - rS_n$ で和を求める

$S_n = 1 + 2 \cdot 2 + 3 \cdot 2^2 + \cdots\cdots + n \cdot 2^{n-1} = \boxed{}$ である。　〈青山学院大〉

解
$$\begin{array}{r} S_n = 1 + 2 \cdot 2 + 3 \cdot 2^2 + \cdots\cdots\quad\quad\quad + n \cdot 2^{n-1} \\ -)\ 2S_n = \quad\quad 2 + 2 \cdot 2^2 + 3 \cdot 2^3 + \cdots\cdots + (n-1) \cdot 2^{n-1} + n \cdot 2^n \\ \hline (1-2)S_n = \underbrace{1 + 2 + 2^2 + 2^3 + \cdots\cdots + 2^{n-1}}_{\text{初項1，公比2，項数}n\text{の等比数列の和}} - n \cdot 2^n \end{array}$$
←$S_n - rS_n$ をつくった。

$-S_n = \dfrac{1 \cdot (1 - 2^n)}{1 - 2} - n \cdot 2^n$　∴　$S_n = (n-1) \cdot 2^n + 1$

アドバイス

- $a_n = n \cdot r^{n-1}$（n：等差数列，r^{n-1}：等比数列）の形の数列の和は $S_n - rS_n$（r：公比）をつくって求める。

この計算では各項の指数をそろえて引く。特に，最後の項の計算に注意する。

これで解決！

一般項 $a_n = $（等差）・（等比）の和　➡　$S_n - rS_n$ をつくれ！

■**練習135**　$S_n = 1 + 2 \cdot 5 + 3 \cdot 5^2 + \cdots\cdots + n \cdot 5^{n-1} = \boxed{}$ である。　〈類 東京工科大〉

数B　数列　123

136 Σの計算

次の数列の和を求めよ。

(1)　$1^2+3^2+5^2+7^2+\cdots\cdots+(2n-1)^2$　　　〈日本医大〉

(2)　$2\cdot(2n-1)+4\cdot(2n-3)+6\cdot(2n-5)+\cdots\cdots+2n\cdot1$　　〈東海大〉

解　(1)　第 k 項は $a_k=(2k-1)^2$

$$S_n=\sum_{k=1}^{n}(2k-1)^2=4\sum_{k=1}^{n}k^2-4\sum_{k=1}^{n}k+\sum_{k=1}^{n}1$$

←$\sum_{k=1}^{n}a_k$ の計算では
第 k 項にして表す。

$$=4\cdot\frac{1}{6}n(n+1)(2n+1)-4\cdot\frac{1}{2}n(n+1)+n$$

$$=\frac{1}{3}n\{2(n+1)(2n+1)-6(n+1)+3\}$$

←共通因数 n でくくる。
同時に $\frac{1}{3}$ も前に出す。

$$=\frac{1}{3}n(4n^2-1)=\frac{1}{3}n(2n+1)(2n-1)$$

(2)　第 k 項は $a_k=2k\cdot\{2n-(2k-1)\}$

←マイナスは $1,\ 3,\ 5,\ \cdots,\ (2k-1)$。

$$S_n=\sum_{k=1}^{n}\{-4k^2+(4n+2)k\}$$

$$=-4\sum_{k=1}^{n}k^2+(4n+2)\sum_{k=1}^{n}k$$

←k 以外は $\sum$ の外に出す。

$$=-4\cdot\frac{1}{6}n(n+1)(2n+1)+(4n+2)\cdot\frac{1}{2}n(n+1)$$

$$=-\frac{1}{3}n(n+1)\{2(2n+1)-3(2n+1)\}$$

←共通因数 $n(n+1)$ でくくる。
同時に $-\frac{1}{3}$ も前に出す。

$$=\frac{1}{3}n(n+1)(2n+1)$$

アドバイス ••

- $\sum$ の計算では，一般項を k を使って，第 k 項 $a_k=(k\text{ の式})$ と表す。
- (2)のように一般項に n を含んでいる場合もある。この場合，n は $\sum$ の影響を受けないからただの定数として $\sum_{k=1}^{n}nk=n\sum_{k=1}^{n}k$ のように $\sum$ の外に出す。

これで 解決！

$1+2+3+\cdots+n$	$1^2+2^2+3^2+\cdots+n^2$	$1^3+2^3+3^3+\cdots+n^3$
$\displaystyle\sum_{k=1}^{n}k=\frac{1}{2}n(n+1)$	$\displaystyle\sum_{k=1}^{n}k^2=\frac{1}{6}n(n+1)(2n+1)$	$\displaystyle\sum_{k=1}^{n}k^3=\left\{\frac{1}{2}n(n+1)\right\}^2$

　　上の公式に当てはまらないときは，$k=1,\ 2,\ 3,\ \cdots$ と代入して，どんな数列の和なのかを確かめることが大切だ！

練習136　(1)　$1\cdot3,\ 2\cdot5,\ 3\cdot7,\ 4\cdot9\cdots$ からなる数列の第 n 項までの和を求めよ。

〈東京農大〉

(2)　$1\cdot n+2\cdot(n-1)+3\cdot(n-2)+\cdots\cdots+n\cdot1$ の和を n で表せ。　〈類　東北学院大〉

137 分数で表された数列の和

次の計算をせよ。

(1) $\displaystyle\sum_{k=1}^{n}\frac{1}{k^2+2k}$ 〈明治大〉 (2) $\displaystyle\sum_{k=1}^{500}\frac{1}{\sqrt{k}+\sqrt{k-1}}$ 〈大阪薬大〉

解 (1) $\dfrac{1}{k^2+2k}=\dfrac{1}{k(k+2)}=\dfrac{1}{2}\left(\dfrac{1}{k}-\dfrac{1}{k+2}\right)$ と変形 ← $\square\left(\dfrac{1}{k}-\dfrac{1}{k+2}\right)$

$\displaystyle\sum_{k=1}^{n}\frac{1}{k^2+2k}=\frac{1}{2}\sum_{k=1}^{n}\left(\frac{1}{k}-\frac{1}{k+2}\right)$

これを計算して分子が1に
なるように□で合わせる。

$=\dfrac{1}{2}\left\{\left(1-\dfrac{1}{3}\right)+\left(\dfrac{1}{2}-\dfrac{1}{4}\right)+\left(\dfrac{1}{3}-\dfrac{1}{5}\right)+\cdots+\left(\dfrac{1}{n-1}-\dfrac{1}{n+1}\right)+\left(\dfrac{1}{n}-\dfrac{1}{n+2}\right)\right\}$

前が2項残れば後も2項残る。

$=\dfrac{1}{2}\left(1+\dfrac{1}{2}-\dfrac{1}{n+1}-\dfrac{1}{n+2}\right)=\dfrac{n(3n+5)}{4(n+1)(n+2)}$

(2) $\dfrac{1}{\sqrt{k}+\sqrt{k-1}}=\dfrac{\sqrt{k}-\sqrt{k-1}}{(\sqrt{k}+\sqrt{k-1})(\sqrt{k}-\sqrt{k-1})}$

$=\sqrt{k}-\sqrt{k-1}$ ←分母の $\sqrt{}$ は有理化してみる。

$\displaystyle\sum_{k=1}^{500}\frac{1}{\sqrt{k}+\sqrt{k-1}}=\sum_{k=1}^{500}(\sqrt{k}-\sqrt{k-1})$

$=(\sqrt{1}-\sqrt{0})+(\sqrt{2}-\sqrt{1})+(\sqrt{3}-\sqrt{2})+\cdots+(\sqrt{500}-\sqrt{499})$

前が1項残れば後も1項残る。

$=\sqrt{500}=10\sqrt{5}$

アドバイス ....

▶分数の数列の和の求め方◀

- 部分分数に分けると前後の項が相殺され，はじめの項と後の項が同じ数だけ残る。
- 分母に $\sqrt{}$ がある場合は，とりあえず有理化してみる。
- 数列では，前後が消えるように，分子は必ず1にすると覚えておく。
- 代表的な部分分数（右辺を計算すると左辺になる。）

$$\frac{1}{n(n+1)}=\frac{1}{n}-\frac{1}{n+1}, \quad \frac{1}{n(n+1)(n+2)}=\frac{1}{2}\left\{\frac{1}{n(n+1)}-\frac{1}{(n+1)(n+2)}\right\}$$

これで　解決！

分数の数列の和 ➡ 部分分数に変形して，規則的に消える！消える！

$$\left(\frac{1}{a_1}-\frac{1}{a_2}\right)+\left(\frac{1}{a_2}-\frac{1}{a_3}\right)+\cdots+\left(\frac{1}{a_{n-1}}-\frac{1}{a_n}\right)$$

■**練習137** 次の計算をせよ。

(1) $\displaystyle\sum_{k=1}^{n}\frac{1}{1+2+3+\cdots+k}$ 〈東北学院大〉 (2) $\displaystyle\sum_{k=1}^{99}\frac{1}{\sqrt{k}+\sqrt{k+1}}$ 〈神奈川大〉

138 a_n と S_n の関係

(1) 初項から第 n 項までの和が $S_n = n(2n+3)$ で与えられるとき，数列 $\{a_n\}$ の一般項を求めよ。 〈東京都市大〉

(2) 数列 $\{a_n\}$ が $2a_n = S_n + 3$ を満たすとき，a_n を求めよ。〈福岡工大〉

解

(1) $a_1 = S_1 = 1 \cdot (2 \cdot 1 + 3) = 5$
   $a_n = S_n - S_{n-1}$ $(n \geqq 2)$ だから
   $\quad = 2n^2 + 3n - \{2(n-1)^2 + 3(n-1)\}$
   $\quad = 4n + 1$ ……①
   ①に $n=1$ を代入すると $4 \cdot 1 + 1 = 5$
   これは $a_1 = 5$ を満たす。 ∴ $\boldsymbol{a_n = 4n+1}$

   ←S_{n-1} は $n=1$ のとき S_0 となって使えないので，$n \geqq 2$ のときからの式。

   ←①は $n \geqq 2$ のときの式なので，$n=1$ のときにも成り立つか調べる。

(2) $2a_n = S_n + 3$ ……①
   $2a_{n-1} = S_{n-1} + 3$ $(n \geqq 2)$ ……② として
   ①−②より
   $2a_n - 2a_{n-1} = S_n - S_{n-1} = a_n$
   ∴ $a_n = 2a_{n-1}$ これは公比 2 の等比数列を表す。
   初項 a_1 は①に $n=1$ を代入して
   $2a_1 = S_1 + 3 = a_1 + 3$ より $a_1 = 3$
   よって，$\boldsymbol{a_n = 3 \cdot 2^{n-1}}$

   ←n を $n-1$ に置きかえて1つ前の関係式をかき①−②で $S_n - S_{n-1}$ をつくる。

   ←$S_1 = a_1$ である。

アドバイス

▼a_n と S_n の関係◢

・S_n と S_{n-1} $(n \geqq 2)$ の式を縦に並べて引くと
  $S_n = \cancel{a_1} + \cancel{a_2} + \cancel{a_3} + \cdots\cdots + \cancel{a_{n-1}} + a_n$ ← (これは $S_n = \sum_{k=1}^{n} a_k$ とも表せる。)
  $)\ S_{n-1} = \cancel{a_1} + \cancel{a_2} + \cancel{a_3} + \cdots\cdots + \cancel{a_{n-1}}$
  $S_n - S_{n-1} = a_n$ (a_n だけが残る。)

・(1)のように $S_n = f(n)$ の形や，(2)のように a_n と S_n の関係式がでてきたらまず $S_n - S_{n-1}$ をつくって a_n に置きかえることを考える。

・また，初項 a_1 がどこにもかいてないときは，$n=1$ を代入して S_1 を a_1 にして a_1 を求めることを忘れずに。なお，$\boxed{a_{n+1} = S_{n+1} - S_n}$ のときもある。

a_n と $S_n\ (=\sum_{k=1}^{n} a_k)$ を結ぶ式 ➡ $a_n = S_n - S_{n-1}$ $(n \geqq 2)$ これしかない

■**練習138** (1) 数列 $\{a_n\}$ の初項から第 n 項までの和が $S_n = 3n^2 - 4n + 5$ であるとき，a_n を n の式で表せ。 〈関東学院大〉

(2) 数列 $\{a_n\}$ が $S_n = 6 - 2a_n$ を満たすとき，a_n を求めよ。 〈類 立教大〉

139 群数列

正の偶数を次のように組み分けるとき
2 | 4, 6 | 8, 10, 12 | 14, 16, 18, 20 | 22, 24, ……

(1) 第 n 群の初項を求めよ。
(2) 第 n 群に含まれる数の総和を求めよ。 〈釧路公立大〉

(1) 第 n 群の中にある項の数は n 個だから
第 $(n-1)$ 群までの項の総数は
$$1+2+3+\cdots+(n-1)=\frac{1}{2}n(n-1)$$

← $1+2+3+\cdots+n=\frac{1}{2}n(n+1)$ の公式で, $n \to n-1$ として代入する。

群をとり払った数列の一般項を a_N とすると
$$a_N = 2N \quad \cdots \text{①}$$

第 n 群の初項は①で $\frac{1}{2}n(n-1)+1$ 番目だから

← $N = \boxed{\frac{1}{2}n(n-1)+1}$ を代入。
$a_N = 2N$

$$2\left\{\frac{1}{2}n(n-1)+1\right\} = \boldsymbol{n^2 - n + 2}$$

(2) 第 n 群の数列は初項 $n^2 - n + 2$, 公差 2, 項数 n の等差数列の和だから

← 項数 初項 公差
$S_n = \frac{1}{2}n\{2a+(n-1)d\}$

$$\frac{1}{2}n\{2(n^2-n+2)+(n-1)\cdot 2\} = \boldsymbol{n^3 + n}$$

アドバイス

- 群数列を考えるには、まず、第 $(n-1)$ 群、または第 n 群の終わりまでの項の総数を知る必要がある。それには、各群に含まれる項の数を数列として並べてみる。

第1群 第2群 第3群 …… 第 $(n-1)$ 群 第 n 群
|2| |4, 6| |8, 10, 12| …… |○,○,……,○| |●,○,○,……,○|

1個 + 2個 + 3個 + …… + $n-1$個 → $\frac{n(n-1)}{2}+1$ 番目 n 個

これで解決!

(1群), (2群), (3群), ……, ($n-1$群), (n群)

群数列の基本的考え ➡
- 第 $(n-1)$ 群までの項の総数を求める
- 群をとり払った数列の一般項 a_N を求める

練習139 自然数 k が k 個続く数列
1, 2, 2, 3, 3, 3, 4, 4, 4, 4, 5, 5, 5, 5, 5, ……
を考える。この数列において, 8 が最初に現れるのは第 ☐ 項である。また, 自然数 k が最初に現れるのは第 ☐ 項で, 最後に現れるのは第 ☐ 項である。
また, 初項から k の最後の項までの和は ☐ である。 〈関西学院大〉

140 階差数列の漸化式

次の漸化式で定義される数列 $\{a_n\}$ の一般項を求めよ。

(1) $a_1=1$, $a_{n+1}=a_n+2n-1$ 〈広島工大〉

(2) $a_1=1$, $a_{n+1}=\dfrac{a_n}{3a_n+1}$ 〈同志社大〉

解

(1) $a_{n+1}-a_n=2n-1$ だから ← $a_{n+1}-a_n$ を階差という。

$n\geqq 2$ のとき

$$a_n=a_1+\sum_{k=1}^{n-1}(2k-1)=1+2\sum_{k=1}^{n-1}k-\sum_{k=1}^{n-1}1$$
$$=1+n(n-1)-(n-1)=\boldsymbol{n^2-2n+2} \quad (n=1\text{ でも成り立つ})$$

(2) 両辺の逆数をとる。 ←分数で表された漸化式は逆数にして考えてみる。

$$\dfrac{1}{a_{n+1}}=\dfrac{3a_n+1}{a_n}=\dfrac{1}{a_n}+3$$

$\dfrac{1}{a_n}=b_n$ とおくと $b_{n+1}-b_n=3$, $b_1=\dfrac{1}{a_1}=1$ ← $b_{n+1}=b_n+3$ より $b_{n+1}-b_n=3$ となる。

$n\geqq 2$ のとき

$$b_n=b_1+\sum_{k=1}^{n-1}3=1+3(n-1)=3n-2$$

←初項 1, 公差 3 の等差数列

よって, $a_n=\dfrac{1}{b_n}=\dfrac{1}{\boldsymbol{3n-2}}$ ($n=1$ でも成り立つ)

アドバイス

- $a_{n+1}-a_n=f(n)$ は階差数列を漸化式で表したもので, 漸化式の中では最もシンプルな形である。しかし, 出題されると, 意外と公式に結びつけられない人が多い。
- この漸化式の公式は右のように数列をかき並べて辺々加えて導かれるから確認しておこう。

注 例えば $a_n-a_{n-1}=n^2$ の形の場合, このまま公式にあてはめるのは誤り。必ず $a_{n+1}-a_n=f(n)$, すなわち $a_{n+1}-a_n=(n+1)^2$ の形に直して公式を適用する。

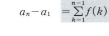

これで 解決!

漸化式 $\overset{\text{階差}}{a_{n+1}-a_n}=f(n)$ ➡ $a_n=a_1+\sum_{k=1}^{n-1}f(k)\ (n\geqq 2)$

練習140 次の漸化式で定義される数列 $\{a_n\}$ の一般項を求めよ。

(1) $a_1=2$, $a_{n+1}-a_n=n+1$ 〈福島大〉

(2) $a_1=1$, $a_{n+1}-a_n=3^n$ 〈徳島大〉

(3) $a_1=1$, $(n+1)a_{n+1}-na_n=2n-1$ 〈類 学習院大〉

141 漸化式 $a_{n+1}=pa_n+q$ ($p \neq 1$) の型（基本型）

> 次の条件によって定められる数列 $\{a_n\}$ の一般項は $a_n=\boxed{}$ である。
> $a_1=1$, $a_{n+1}=3a_n+2$ ($n=1, 2, 3, \ldots\ldots$) 〈慶応大〉

解

▶等比型◀

$a_{n+1}+1=3(a_n+1)$ と変形すると

数列 $\{a_n+1\}$ は,

初項 $a_1+1=2$, 公比 3 の等比数列だから

$a_n+1=2 \cdot 3^{n-1}$

よって, $a_n=2 \cdot 3^{n-1}-1$

← $a_{n+1}-\alpha=p(a_n-\alpha)$
α は $a_{n+1}=a_n=\alpha$ として
$\alpha=p\alpha+q$ を解く。
この問題では
$\alpha=3\alpha+2$ より $\alpha=-1$

▶階差型◀

$a_{n+1}-a_n=3(a_n-a_{n-1})$ ($n \geq 2$) と変形すると

階差数列 $\{a_{n+1}-a_n\}$ は,

初項 $a_2-a_1=5-1=4$, 公比 3 の等比数列だから

$a_{n+1}-a_n=4 \cdot 3^{n-1}$

$n \geq 2$ のとき

$a_n=a_1+\sum_{k=1}^{n-1} 4 \cdot 3^{k-1}=1+4 \cdot \dfrac{3^{n-1}-1}{3-1}$

よって, $a_n=2 \cdot 3^{n-1}-1$ ($n=1$ でも成り立つ)

← $\quad a_{n+1}=3a_n\ +2$
$\underline{-)\quad a_n=3a_{n-1}+2}$
$\quad a_{n+1}-a_n=3(a_n-a_{n-1})$

← $a_2=3a_1+2=5$

← $a_{n+1}-a_n=f(n)$ のとき
$a_n=a_1+\sum_{k=1}^{n-1} f(k)$ ($n \geq 2$)

アドバイス ……………

- 漸化式の中で最も基本的な形である。その他のいろいろな形の漸化式も，置きかえにより，この型に帰着させることを考えると最重要である。
- まず，$a_{n+1}=pa_n+q \to \alpha=p\alpha+q$ として，特性解 α を求める。
  それから，$a_{n+1}-\alpha=p(a_n-\alpha)$ と変形すると，$\{a_n-\alpha\}$ を１つの項に見たとき，公比が p の等比数列になる。

漸化式	$a_{n+1}-\alpha=p(a_n-\alpha)$ と変形
$a_{n+1}=pa_n+q$	数列 $\{a_n-\alpha\}$ は初項 $a_1-\alpha$, 公比 p
（基本型）	$a_n-\alpha=(a_1-\alpha)p^{n-1}$ より $a_n=(a_1-\alpha)p^{n-1}+\alpha$

なお，$a_{n+1}=pa_n+q$ ($p \neq 1$) と $a_{n+1}-a_n=f(n)$ (140参照) と混同しがちなので，しっかり区別しておこう。

解法は，"等比型" と "階差型" があるが，明らかに等比型の方が simple で，この型の漸化式を階差型で解くのは見かけなくなった。

■**練習141** 次の漸化式で定義される数列 $\{a_n\}$ の一般項を求めよ。

(1) $a_1=2$, $a_{n+1}=3a_n-1$ ($n=1, 2, 3, \ldots$) 〈玉川大〉

(2) $a_1=\dfrac{1}{2}$, $a_{n+1}=\dfrac{a_n}{2-a_n}$ ($n=1, 2, 3, \ldots$) 〈南山大〉

142 ベクトルの加法と減法

正六角形 ABCDEF において,ベクトル $\vec{AB}=\vec{a}$, $\vec{BC}=\vec{b}$ とするとき,次のベクトルは

$\vec{CD}=\boxed{}\vec{a}+\boxed{}\vec{b}$

$\vec{BD}=\boxed{}\vec{a}+\boxed{}\vec{b}$

$\vec{EC}=\boxed{}\vec{a}+\boxed{}\vec{b}$ となる。 〈立教大〉

解 右図のように正六角形の中心を O とすると

$\vec{CD}=\vec{BO}$
$=\vec{BA}+\vec{AO}$
$=-\vec{a}+\vec{b}$

$\vec{BD}=\vec{BC}+\vec{CD}$
$=\vec{b}+(\vec{b}-\vec{a})$
$=-\vec{a}+2\vec{b}$

$\vec{EC}=\vec{ED}+\vec{DC}$
$=\vec{ED}-\vec{CD}$
$=\vec{a}-(\vec{b}-\vec{a})$
$=2\vec{a}-\vec{b}$

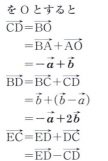

別解

$\vec{CD}=\vec{AD}-\vec{AC}$
$=2\vec{b}-(\vec{a}+\vec{b})$
$=-\vec{a}+\vec{b}$

$\vec{BD}=\vec{AD}-\vec{AB}$
$=-\vec{a}+2\vec{b}$

←正六角形の図形的性質を利用する。

解 は $\vec{OB}=\vec{OA}+\vec{AB}$ の考え方(ベクトルの和)

別解 は $\vec{AB}=\vec{OB}-\vec{OA}$ の考え方(ベクトルの差)

アドバイス

• ベクトルの和と差は,次のような考え方が中心になっているから,自由に使えるように。また,正多角形などでは図形の性質を最大限に利用すること。

これで 解決!

ベクトルの加法と減法 ➡

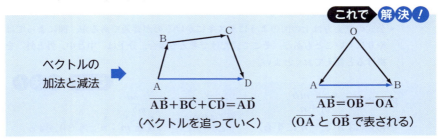

$\vec{AB}+\vec{BC}+\vec{CD}=\vec{AD}$
(ベクトルを追っていく)

$\vec{AB}=\vec{OB}-\vec{OA}$
($\vec{OA}$ と $\vec{OB}$ で表される)

練習142 右の正六角形 ABCDEF において,FE の中点を M とするとき,次のベクトルを $\vec{AB}$, $\vec{AF}$ で表すと

$\vec{AC}=\boxed{}\vec{AB}+\boxed{}\vec{AF}$

$\vec{BM}=\boxed{}\vec{AB}+\boxed{}\vec{AF}$

$\vec{CM}=\boxed{}\vec{AB}+\boxed{}\vec{AF}$

となる。

〈類 神奈川大〉

143 内分点の位置ベクトル

△OABの辺OBを2:1に内分する点をC,辺ABを1:3に外分する点をDとする。$\vec{OA}=\vec{a}$,$\vec{OB}=\vec{b}$として,次の問いに答えよ。

(1) $\vec{OC}$,$\vec{OD}$を$\vec{a}$,$\vec{b}$で表せ。

(2) 辺CDを2:3に内分する点をP,OPの延長線と辺ABの交点をQとするとき,AQ:QB,OP:PQを求めよ。〈類 東京電機大〉

解 (1) $\vec{OC}=\dfrac{2}{3}\vec{b}$, $\vec{OD}=\dfrac{-3\vec{a}+\vec{b}}{1-3}=\dfrac{3\vec{a}-\vec{b}}{2}$

(2) $\vec{OP}=\dfrac{3\vec{OC}+2\vec{OD}}{2+3}=\dfrac{2\vec{b}+3\vec{a}-\vec{b}}{5}$

$=\dfrac{3\vec{a}+\vec{b}}{5}=\dfrac{4}{5}\cdot\dfrac{3\vec{a}+\vec{b}}{4}$

より $\vec{OQ}=\dfrac{3\vec{a}+\vec{b}}{4}$ で,

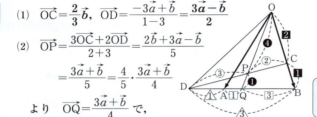

内分点の公式
$\vec{p}=\dfrac{n\vec{a}+m\vec{b}}{m+n}$

外分点の公式
$\vec{q}=\dfrac{-n\vec{a}+m\vec{b}}{m-n}$

QはABを1:3に内分する点である。

よって, **AQ:QB=1:3, OP:PQ=4:1**

アドバイス

- 内分点,外分点の公式は逆の見方ができないと困る。
$\vec{OA}=\vec{a}$,$\vec{OB}=\vec{b}$とすると
$\dfrac{2\vec{a}+\vec{b}}{3}$ は $\dfrac{2\vec{a}+\vec{b}}{1+2}$ だから,ABを1:2に内分した点,

$\dfrac{-2\vec{a}+5\vec{b}}{3}$ は $\dfrac{-2\vec{a}+5\vec{b}}{5-2}$ だからABを5:2に外分

した点である。

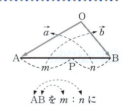

- 公式の覚え方は上の図のようにタスキにかけるのが普通であるが,図によってはやりにくいこともある。そこで式だけで考える場合,分子は"中と中,外と外"を掛けると覚えておくとよい。

これで 解決!

内分点 $\vec{p}=\dfrac{n\vec{a}+m\vec{b}}{m+n}$

(外分点は n を $-n$ にする)

分子の計算は 中と中,外と外 : ABを$m:n$に内(外)分する

練習143 △ABCにおいて,ABの中点をD,ACを3:1に外分する点をE,CDを4:1に外分する点をFとする。$\vec{AB}=\vec{b}$,$\vec{AC}=\vec{c}$として,次の問いに答えよ。

(1) $\vec{AD}$,$\vec{AE}$,$\vec{AF}$を$\vec{b}$,$\vec{c}$で表せ。

(2) EFを3:4に内分する点をPとするとき,$\vec{AP}$を$\vec{b}$,$\vec{c}$で表せ。また,BP:PCを求めよ。 〈類 九州産大〉

144 3点が同一直線上にある条件

平行四辺形 ABCD の辺 AB の延長上に点 P を $\overrightarrow{BP}=2\overrightarrow{AB}$ となるようにとる。対角線 AC を 3：1 に内分する点を Q とするとき，P，Q，D は一直線上にあることを示せ。 〈中央大〉

解 $\overrightarrow{AB}=\vec{a}$，$\overrightarrow{AD}=\vec{b}$ とすると

$\overrightarrow{AP}=3\vec{a}$，$\overrightarrow{AQ}=\dfrac{3}{4}(\vec{a}+\vec{b})$

$\overrightarrow{PQ}=\overrightarrow{AQ}-\overrightarrow{AP}$ 　　　$\overrightarrow{PD}=\overrightarrow{AD}-\overrightarrow{AP}$
　　$=\dfrac{3}{4}(\vec{a}+\vec{b})-3\vec{a}$ 　　　　　$=\vec{b}-3\vec{a}$
　　$=-\dfrac{3}{4}(3\vec{a}-\vec{b})$ 　　　　　　　$=-(3\vec{a}-\vec{b})$

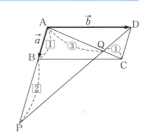

よって，$\overrightarrow{PQ}=\dfrac{3}{4}\overrightarrow{PD}$ が成り立つから

　　P，Q，D は同一直線上にある。

アドバイス

- 図形の問題をベクトルで考える場合，平面なら平行でない基本となる2つのベクトルが設定される。次に考えることは，この2つのベクトルで，問題の中のすべてのベクトルを表すことだ。
  この考え方は，すべてのベクトルの問題にいえる重要な方針になる。

- 2つのベクトルは，たいていは問題の中で，設定されているが，自分で設定する場合は図形上の1点を始点にとって，右図のように設定するとよい。

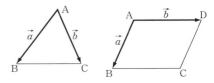

- この例題でも，$\overrightarrow{PQ}$ と $\overrightarrow{PD}$ を設定された $\vec{a}$，$\vec{b}$ で表せば同一直線上にある条件 $\overrightarrow{PQ}=k\overrightarrow{PD}$ が自然に示せる。

これで 解決！

3点 P，Q，R が同一直線上にある条件　⇒　$\overrightarrow{PQ}=k\overrightarrow{PR}$ を示す。
$\overrightarrow{PQ}$，$\overrightarrow{PR}$ を設定した2つのベクトルで表し

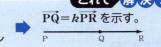

練習144 △ABC の平面上で $\overrightarrow{AB}=\vec{b}$，$\overrightarrow{AC}=\vec{c}$ とおく。

(1) 図をえがき，次の3点 D，E，F の位置を示せ。

　(i) $\overrightarrow{AD}=\dfrac{1}{2}\vec{b}$ 　　(ii) $\overrightarrow{AE}=-\vec{c}$ 　　(iii) $\overrightarrow{BF}=\dfrac{1}{3}\overrightarrow{BC}$

(2) $\overrightarrow{AF}$ を $\vec{b}$，$\vec{c}$ を用いて表せ。

(3) 3点 D，E，F は一直線上にあることを示せ。 〈松山商大〉

145 座標とベクトルの成分

4点 A(1, 0), B(−1, 2), C(−3, −1), P(a, b) が $\vec{PA}=\vec{PB}+\vec{PC}$ を満たすとき, $a=\boxed{}$, $b=\boxed{}$。 〈千葉工大〉

解
$\vec{PA}=(1-a, -b)$, $\vec{PB}=(-1-a, 2-b)$, $\vec{PC}=(-3-a, -1-b)$
$\vec{PA}=\vec{PB}+\vec{PC}$ だから
$(1-a, -b)=(-1-a, 2-b)+(-3-a, -1-b)$
$=(-4-2a, 1-2b)$
$1-a=-4-2a$ ……①, $-b=1-2b$ ……②   ← x 成分, y 成分どうしを等しくおく。
①, ② より $a=-5$, $b=1$

アドバイス
- 2点 A, B の座標が与えられたとき, 座標を成分とみると, $\vec{AB}$ は x 成分の差と y 成分の差で表され, 図形をベクトルで考える上で基本となるものだ。

これで解決!

A(x_1, y_1), B(x_2, y_2) のとき ➡ $\vec{AB}=(x_2-x_1, y_2-y_1)$
$\phantom{A(x_1, y_1), B(x_2, y_2) のとき ➡ \vec{AB}=(}$ x 成分の差 y 成分の差

練習145 3点 A(1, 3), B(3, −2), C(4, 1) がある。$\vec{AB}$, $\vec{BC}$ を成分で表せ。また, 四角形 ABCD が平行四辺形になるように D の座標を定めよ。 〈類 明星大〉

146 $\vec{c}=m\vec{a}+n\vec{b}$ を満たす m, n

$\vec{a}=(1, 2)$, $\vec{b}=(3, 1)$, $\vec{c}=(1, -3)$ に対して $m\vec{a}+n\vec{b}=\vec{c}$ となる実数 m, n を求めよ。 〈追手門学院大〉

解
$m(1, 2)+n(3, 1)=(1, -3)$ ← $m\vec{a}+n\vec{b}=\vec{c}$ に成分をあてはめる。
$(m+3n, 2m+n)=(1, -3)$
x 成分, y 成分を等しくおいて
$m+3n=1$ ……①, $2m+n=-3$ ……②   ← ①, ② の連立方程式を解く。
①, ② を解いて, $m=-2$, $n=1$

アドバイス
- 平面上の任意のベクトル $\vec{c}$ は2つのベクトル $\vec{a}$, $\vec{b}$ ($\vec{a}\neq\vec{0}$, $\vec{b}\neq\vec{0}$, $\vec{a} \nparallel \vec{b}$) を使って, $\vec{c}=m\vec{a}+n\vec{b}$ の形で表される。

これで解決!

$\vec{c}=m\vec{a}+n\vec{b}$ ➡ x 成分, y 成分を比較, m, n の連立方程式に

練習146 平面上の2点 A(2, 3), B(−3, 2) がある。点 C(−4, 7) に対して $\vec{OC}=x\vec{OA}+y\vec{OB}$ となる x, y を求めよ。 〈明治大〉

147 ベクトルの内積・なす角・大きさ

$|\vec{a}|=2$, $|\vec{b}|=\sqrt{3}$, $|\vec{a}-\vec{b}|=1$ であるとき，次の問いに答えよ。
(1) $\vec{a}$, $\vec{b}$ のなす角 θ を求めよ。
(2) $|2\vec{a}-3\vec{b}|$ の値を求めよ。 〈岡山理科大〉

解

(1) $|\vec{a}-\vec{b}|^2=|\vec{a}|^2-2\vec{a}\cdot\vec{b}+|\vec{b}|^2$
$=4-2\vec{a}\cdot\vec{b}+3=1$ ∴ $\vec{a}\cdot\vec{b}=3$
$\cos\theta=\dfrac{\vec{a}\cdot\vec{b}}{|\vec{a}||\vec{b}|}=\dfrac{3}{2\cdot\sqrt{3}}=\dfrac{\sqrt{3}}{2}$
$0°\leqq\theta\leqq180°$ より $\theta=30°$

──これは誤り──
$|\vec{a}-\vec{b}|^2=|\vec{a}|^2+|\vec{b}|^2$

←ベクトルのなす角は $0°\leqq\theta\leqq180°$ である。

(2) $|2\vec{a}-3\vec{b}|^2=4|\vec{a}|^2-12\vec{a}\cdot\vec{b}+9|\vec{b}|^2$
$=4\cdot4-12\cdot3+9\cdot3=7$
よって，$|2\vec{a}-3\vec{b}|=\sqrt{7}$

アドバイス

- ベクトルの内積の定義は

$\vec{a}\cdot\vec{b}=|\vec{a}||\vec{b}|\cos\theta$

であるが，この定義をみても分かるように，内積　大きさ　なす角　は密接な関係がある。そしてこの関係がからんだ問題はきわめて多い。

- $\vec{a}+k\vec{b}$ の大きさを求めるには絶対値をつけて平方する。このとき，$|\vec{a}+k\vec{b}|^2=|\vec{a}|^2+2k\vec{a}\cdot\vec{b}+k^2|\vec{b}|^2$ となり，$\vec{a}\cdot\vec{b}$ の内積が出てくることに注意する必要がある。なお，$|\vec{a}+k\vec{b}|^2=|\vec{a}|^2+2k|\vec{a}||\vec{b}|+k^2|\vec{b}|^2$ の誤りも見かける。

これで解決！

ベクトルの内積 と なす角・大きさ
$\Rightarrow$
$\begin{cases} \vec{a}\cdot\vec{b}=|\vec{a}||\vec{b}|\cos\theta \Longleftrightarrow \cos\theta=\dfrac{\vec{a}\cdot\vec{b}}{|\vec{a}||\vec{b}|} \\ |\vec{a}+k\vec{b}|^2=|\vec{a}|^2+2k\vec{a}\cdot\vec{b}+k^2|\vec{b}|^2 \text{ として} \\ |\vec{a}|, |\vec{b}|, \vec{a}\cdot\vec{b} \text{ はもうベクトルでない。} \end{cases}$

■**練習147** (1) ベクトル $\vec{a}$, $\vec{b}$ のなす角が $30°$ で，$|\vec{a}|=2$, $|\vec{b}|=3$ である。このとき，$\vec{a}\cdot\vec{b}=\boxed{}$, $(\vec{a}-\vec{b})\cdot(3\vec{a}+2\vec{b})=\boxed{}$, $|\vec{a}-\sqrt{3}\vec{b}|=\boxed{}$ である。 〈青山学院大〉

(2) ベクトル $\vec{a}$, $\vec{b}$ が $|\vec{a}+\vec{b}|=8$, $|\vec{a}-\vec{b}|=6$ を満たし，$\vec{a}+\vec{b}$ と $\vec{a}-\vec{b}$ が直交しているとき，$\vec{a}\cdot\vec{b}=\boxed{}$, $|\vec{a}|=\boxed{}$, $|\vec{b}|=\boxed{}$ である。 〈関西学院大〉

148 成分による大きさ・なす角・垂直・平行

$\vec{a}=(1,\ 2)$, $\vec{b}=(3,\ 1)$, $\vec{c}=(x,\ -1)$ のとき，次の問いに答えよ。

(1) $2\vec{a}-\vec{b}$ の大きさを求めよ。　　　　　　　　〈類　北海道工大〉

(2) $\vec{a}$ と $\vec{b}$ のなす角 θ を求めよ。

(3) $\vec{a}$ と $2\vec{b}-\vec{c}$ が垂直になるように x の値を求めよ。

(4) $\vec{a}+2\vec{b}$ と $\vec{a}-2\vec{c}$ が平行になるように x の値を求めよ。

解

(1) $2\vec{a}-\vec{b}=2(1,\ 2)-(3,\ 1)=(-1,\ 3)$

$\therefore\ |2\vec{a}-\vec{b}|=\sqrt{(-1)^2+3^2}=\sqrt{10}$

(2) $\cos\theta=\dfrac{1\times3+2\times1}{\sqrt{1^2+2^2}\sqrt{3^2+1^2}}=\dfrac{1}{\sqrt{2}}$

$0°\leqq\theta\leqq180°$ より　$\theta=45°$

(3) $2\vec{b}-\vec{c}=(6-x,\ 3)$

$\vec{a}\cdot(2\vec{b}-\vec{c})=1\times(6-x)+2\times3=0$　　←垂直条件 $\Longleftrightarrow$ 内積$=0$

$-x+12=0$　$\therefore\ x=12$

(4) $\vec{a}+2\vec{b}=(7,\ 4)$,　$\vec{a}-2\vec{c}=(1-2x,\ 4)$　←平行条件 $\vec{a}+2\vec{b}=k(\vec{a}-2\vec{c})$

$(1-2x,\ 4)=k(7,\ 4)$ となればよい。

$1-2x=7k$,　$4=4k$　より

$k=1$　$\therefore\ x=-3$

アドバイス ･･･

▶**成分で表されたベクトルの演算公式**◀

• ベクトルが成分で表されている場合，ベクトルの計算は当然成分での計算になる。
その場合に使われる公式は，次の式だから確実に使えるようにしよう。

これで 解決!

$\vec{a}=(a_1,\ a_2)$, $\vec{b}=(b_1,\ b_2)$ のとき

大きさ　$|\vec{a}|=\sqrt{a_1{}^2+a_2{}^2}$

内　積　$\vec{a}\cdot\vec{b}=a_1b_1+a_2b_2$

垂　直　$\vec{a}\perp\vec{b}\Longleftrightarrow\vec{a}\cdot\vec{b}=0$

平　行　$\vec{a}\,/\!/\,\vec{b}\Longleftrightarrow(a_1,\ a_2)=k(b_1,\ b_2)$

なす角　$\cos\theta=\dfrac{a_1b_1+a_2b_2}{\sqrt{a_1{}^2+a_2{}^2}\sqrt{b_1{}^2+b_2{}^2}}$

練習148 (1) 2つのベクトル $\vec{a}=(2,\ 1)$, $\vec{b}=(2\sqrt{3}-1,\ 2+\sqrt{3}\,)$ のなす角を求めよ。
　　　　　　　　　　　　　　　　　　　　　　　　　　　　〈高知工科大〉

(2) 2つのベクトル $\vec{a}=(k,\ 1)$, $\vec{b}=(3,\ k+2)$ が平行になるように，k の値を定めよ。
　　　　　　　　　　　　　　　　　　　　　　　　　　　　〈高崎経大〉

(3) 2つのベクトル $\vec{a}=(3,\ 4)$, $\vec{b}=(-1,\ 2)$ に対して $\vec{a}+k\vec{b}$ と $\vec{a}-k\vec{b}$ が垂直であるとき，正の定数 k の値は $\boxed{}$ である。　　　　　〈神奈川大〉

149 単位ベクトル

ベクトル $\vec{a}=(3, 4)$ に垂直な単位ベクトルを求めよ。 〈日本大〉

解 単位ベクトルを $\vec{e}=(x, y)$ とすると
$\vec{a} \perp \vec{e}$ より $\vec{a}\cdot\vec{e}=3x+4y=0$ ……①
$|\vec{e}|=1$ より $|\vec{e}|^2=x^2+y^2=1$ ……②

①,②を解いて,$x=\pm\dfrac{4}{5}$,$y=\mp\dfrac{3}{5}$ (複号同順)

$\therefore$ $\vec{e}=\left(\dfrac{4}{5}, -\dfrac{3}{5}\right), \left(-\dfrac{4}{5}, \dfrac{3}{5}\right)$

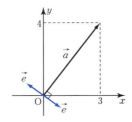

アドバイス
- 垂直な単位ベクトルは,垂直 $\Longleftrightarrow$ 内積$=0$ と |大きさ|$=1$ から求められる。

これで 解決!

$\vec{a}$ と垂直な単位ベクトル $\vec{e}$ $\Rightarrow$ 内積 $\vec{a}\cdot\vec{e}=0$,大きさ $|\vec{e}|=1$

練習149 O を原点とし,ベクトル $\overrightarrow{OA}=(1, -1)$ に垂直な単位ベクトル $\overrightarrow{OP}$ を求めよ。 〈大分大〉

150 $\vec{a}=(a_1, a_2)$,$\vec{b}=(b_1, b_2)$ のとき $|\vec{a}+t\vec{b}|$ の最小値

2つのベクトル $\vec{a}=(10, 5)$,$\vec{b}=(1, 2)$ に対して,$|\vec{a}+t\vec{b}|$ は $t=\boxed{}$ のとき,最小値 $\boxed{}$ をとる。 〈関東学院大〉

解 $\vec{a}+t\vec{b}=(10, 5)+t(1, 2)=(10+t, 5+2t)$ ← $\vec{a}+t\vec{b}$ を成分で表す。
$|\vec{a}+t\vec{b}|^2=(10+t)^2+(5+2t)^2$ ←大きさは2乗して考える。
$\qquad =5t^2+40t+125$ ← t の2次関数になる。
$\qquad =5(t+4)^2+45$

よって,$t=-4$ のとき,最小値 $\sqrt{45}=3\sqrt{5}$ ←2乗して求めているから $\sqrt{}$ をつける。

アドバイス
- $\vec{a}$,$\vec{b}$ が成分で表されているとき,$|\vec{a}+t\vec{b}|$ の最小値は,素直に成分計算すれば t の2次関数になる。

これで 解決!

$|\vec{a}+t\vec{b}|$ の最小値 $\Rightarrow$ ・成分で表して 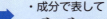 $\to t$ の2次関数へ
・$|\vec{a}+t\vec{b}|^2$ を展開

練習150 2つのベクトル $\vec{a}=(3, 1)$,$\vec{b}=(-3, 4)$ に対して,$|\vec{a}-t\vec{b}|$ を最小にする t の値と最小値を求めよ。 〈日本大〉

151 三角形の面積の公式

△ABC において，$\overrightarrow{AB}=\vec{a}$，$\overrightarrow{AC}=\vec{b}$，$\angle BAC=\theta$ とするとき，
(1) $\sin\theta$ を $\vec{a}$, $\vec{b}$ で表せ。
(2) △ABC の面積 S を $\vec{a}$, $\vec{b}$ で表せ。 〈類 熊本女子大〉

解 (1) ベクトル $\vec{a}$, $\vec{b}$ のなす角の公式より

$$\cos\theta = \frac{\vec{a}\cdot\vec{b}}{|\vec{a}||\vec{b}|}, \quad \sin^2\theta+\cos^2\theta=1 \text{ だから}$$

$$\sin\theta = \sqrt{1-\cos^2\theta} = \sqrt{1-\left(\frac{\vec{a}\cdot\vec{b}}{|\vec{a}||\vec{b}|}\right)^2}$$

$$= \frac{\sqrt{|\vec{a}|^2|\vec{b}|^2-(\vec{a}\cdot\vec{b})^2}}{|\vec{a}||\vec{b}|}$$

内積の定義となす角

$\vec{a}\cdot\vec{b}=|\vec{a}||\vec{b}|\cos\theta$

$\cos\theta = \dfrac{\vec{a}\cdot\vec{b}}{|\vec{a}||\vec{b}|}$

(2) $S=\dfrac{1}{2}|\vec{a}||\vec{b}|\sin\theta = \dfrac{1}{2}|\vec{a}||\vec{b}|\dfrac{\sqrt{|\vec{a}|^2|\vec{b}|^2-(\vec{a}\cdot\vec{b})^2}}{|\vec{a}||\vec{b}|}$ ← $S=\dfrac{1}{2}AB\cdot AC\cdot\sin\theta$

$$= \frac{1}{2}\sqrt{|\vec{a}|^2|\vec{b}|^2-(\vec{a}\cdot\vec{b})^2}$$

アドバイス

- これは三角形の面積を求める公式として大変重要である。平面ベクトルでも，空間ベクトルでも使えるから必ず覚えておくこと。
- $\vec{a}=(a_1, a_2)$, $\vec{b}=(b_1, b_2)$ の成分で示されているとき，

$$S = \frac{1}{2}\sqrt{(a_1^2+a_2^2)(b_1^2+b_2^2)-(a_1b_1+a_2b_2)^2}$$

$$= \frac{1}{2}\sqrt{a_1^2b_2^2-2a_1a_2b_1b_2+a_2^2b_1^2} = \frac{1}{2}\sqrt{(a_1b_2-a_2b_1)^2} = \frac{1}{2}|a_1b_2-a_2b_1|$$

としても表せる。これも利用価値のある式だ。

これで 解決！

三角形の面積 ➡
$S=\dfrac{1}{2}|\vec{a}||\vec{b}|\sin\theta$
$S=\dfrac{1}{2}\sqrt{|\vec{a}|^2|\vec{b}|^2-(\vec{a}\cdot\vec{b})^2}$
$S=\dfrac{1}{2}|a_1b_2-a_2b_1|$

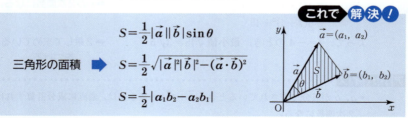

練習151 (1) 3点 A$(-2, 1)$, B$(2, 3)$, C$(-1, 5)$ で囲まれた △ABC の面積を求めよ。 〈類 神戸薬大〉

(2) 平面上に4点 O, A, B, C がある。$\overrightarrow{OA}+\overrightarrow{OB}+\overrightarrow{OC}=\vec{0}$, OA$=2$, OB$=1$, OC$=\sqrt{2}$ のとき，△OAB の面積 S を求めよ。 〈神奈川大〉

152 △ABC：$l\vec{PA}+m\vec{PB}+n\vec{PC}=\vec{0}$ の点 P の位置と面積比

△ABC の内部の点 P が $3\vec{PA}+2\vec{PB}+\vec{PC}=\vec{0}$ を満たしている。次の問いに答えよ。
(1) 直線 AP と辺 BC の交点を D とするとき，BD：DC を求めよ。
(2) △PBC：△PCA：△PAB の面積比を求めよ。〈信州大〉

解 (1) $-3\vec{AP}+2(\vec{AB}-\vec{AP})+(\vec{AC}-\vec{AP})=\vec{0}$ ←すべて A を始点とする
$6\vec{AP}=2\vec{AB}+\vec{AC}$ ベクトル $\vec{AB},\ \vec{AC}$ で表す。

∴ $\vec{AP}=\dfrac{2\vec{AB}+\vec{AC}}{6}=\dfrac{1}{2}\cdot\dfrac{2\vec{AB}+\vec{AC}}{3}$ ←内分点を表すように変形する。

$\dfrac{2\vec{AB}+\vec{AC}}{3}$ は BC を 1：2 に内分する点を表すから

交点 D は BC を 1：2 に内分する点である。
よって，BD：DC＝**1：2**

(2) (1)より $\vec{AP}=\dfrac{1}{2}\vec{AD}$ と表せるから，

P は AD の中点である。
△PAB＝S とすると，
右図より
△PBC＝3S，△PCA＝2S
よって，△PBC：△PCA：△PAB＝**3：2：1**

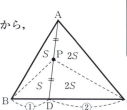

――面積比――
高さが同じなら
↓
底辺の比

底辺が同じなら
↓
高さの比

アドバイス

- △ABC に関するベクトルの問題では，ほとんどの問題が始点を A にそろえて，2 つのベクトル $\vec{AB},\ \vec{AC}$ で表すことで解決できる，といっても過言ではない。
- あとは，■・$\dfrac{n\vec{AB}+m\vec{AC}}{m+n}$ の形に変形すれば，そこから問題となる点 P の位置が明らかになる。（△OAB のときは $\vec{OA},\ \vec{OB}$ で表す。）

$l\vec{PA}+m\vec{PB}+n\vec{PC}=\vec{0}$ のとき
点 P の位置 ➡ 始点を A にそろえ $\vec{AB},\ \vec{AC}$ で内分点の式にすれば
　　　　　　　　点 P の位置が見えてくる
面 積 比 ➡ 三角形の一番小さい面積を S とおくとわかりやすい

練習152 △ABC の内部に点 P があり，$4\vec{PA}+5\vec{PB}+3\vec{PC}=\vec{0}$ を満たしている。
(1) $\vec{AP}$ を $\vec{AB}$ と $\vec{AC}$ の式で表すと $\vec{AP}=\boxed{}\vec{AB}+\boxed{}\vec{AC}$ である。
(2) 面積比 △PAB：△PBC：△PCA＝$\boxed{}$：$\boxed{}$：$\boxed{}$ である。〈神戸薬大〉

153 線分，直線 AB 上の点の表し方

△OAB において，OA=1，OB=2，∠AOB=120° である。点 O から辺 AB に下ろした垂線を OH とする。$\vec{OA}=\vec{a}$，$\vec{OB}=\vec{b}$ とするとき，$\vec{OH}$ を $\vec{a}$，$\vec{b}$ で表せ。 〈類 東京電機大〉

解

点 H は辺 AB 上の点だから
$\vec{OH}=(1-t)\vec{a}+t\vec{b}$
と表せる。
$\vec{OH}\perp\vec{AB}$ より $\vec{OH}\cdot\vec{AB}=0$
$\{(1-t)\vec{a}+t\vec{b}\}\cdot(\vec{b}-\vec{a})=0$
$(t-1)|\vec{a}|^2+(1-2t)\vec{a}\cdot\vec{b}+t|\vec{b}|^2=0$
$|\vec{a}|=1$，$|\vec{b}|=2$，
$\vec{a}\cdot\vec{b}=1\cdot2\cdot\cos120°=-1$ だから
$t-1-(1-2t)+4t=0$
$7t=2$ ∴ $t=\dfrac{2}{7}$

よって，$\vec{OH}=\dfrac{5}{7}\vec{a}+\dfrac{2}{7}\vec{b}$

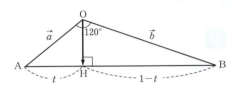

←$|\vec{a}|$，$|\vec{b}|$，$\vec{a}\cdot\vec{b}$ の値を必ず確認する。

アドバイス

- 線分 AB 上の任意の点 P は，AP：PB=t：$(1-t)$ ($0<t<1$) に内分する点として，
  $\vec{OP}=(1-t)\vec{OA}+t\vec{OB}$ ……①
  と表した。
- この式は，$t<0$，$1<t$ のときは図のように線分 AB の延長上の点を表し，t がすべての実数 t をとるとき直線 AB を表す。
- 線分や直線上の任意の点は，ベクトルを使うと①の式で表せるから，条件を満たす未知の点を求めるには，この式からスタートする。

これで 解決！

線分や直線 AB 上の点 P は ➡ $\vec{OP}=(1-t)\vec{OA}+t\vec{OB}$ で表し条件に従って計算をすすめる。

練習153 平面上に原点 O と 2 点 A，B があり，$|\vec{OA}|=3$，$|\vec{OB}|=2$，$\vec{OA}\cdot\vec{OB}=\dfrac{3}{2}$ である。原点 O から辺 AB に下ろした垂線を OH とするとき，ベクトル $\vec{OH}$ を $\vec{OA}$，$\vec{OB}$ で表せ。 〈類 岡山理科大〉

154 線分の交点の求め方（内分点の考えで）

△ABC の辺 AB を 3：2 に内分する点を M，辺 AC を 2：1 に内分する点を N，CM と BN の交点を P とするとき，$\overrightarrow{AP}$ を $\overrightarrow{AB}$, $\overrightarrow{AC}$ を用いて表せ。　　〈東京薬大〉

解　BP：PN＝t：$(1-t)$，
CP：PM＝s：$(1-s)$ とおく。
$\overrightarrow{AP}=(1-t)\overrightarrow{AB}+t\overrightarrow{AN}$
$\quad =(1-t)\overrightarrow{AB}+\dfrac{2}{3}t\overrightarrow{AC}$ ……①
$\overrightarrow{AP}=(1-s)\overrightarrow{AC}+s\overrightarrow{AM}$
$\quad =\dfrac{3}{5}s\overrightarrow{AB}+(1-s)\overrightarrow{AC}$ ……②

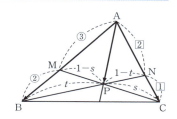

$\overrightarrow{AB}$，$\overrightarrow{AC}$ は 1 次独立だから①＝② より

$1-t=\dfrac{3}{5}s$ ……③，$\dfrac{2}{3}t=1-s$ ……④　　←$\overrightarrow{AB}$ と $\overrightarrow{AC}$ の係数を等しくおく。

③，④を解いて，$t=\dfrac{2}{3}$，$s=\dfrac{5}{9}$

よって，$\overrightarrow{AP}=\dfrac{1}{3}\overrightarrow{AB}+\dfrac{4}{9}\overrightarrow{AC}$

アドバイス

▼t：$(1-t)$, s：$(1-s)$ とおく交点の求め方◢
- ベクトルによって線分（直線）の交点を求める代表的なもの。これは，xy 座標平面で，2 直線の交点を求めることと同じで，次の考え方に従って解く。
- 内分点の考えから，一方の線分を t：$(1-t)$，もう一方を s：$(1-s)$ で表す。
- 線分と線分の交点は 2 通りで表したベクトルの一致した点だから，1 次独立の考えで係数を比較し s と t の連立方程式を解く。
- 求めた s か t どちらかの値をもとの式に代入する。

これで解決！

線分の交点の求め方（内分点の考えで）　➡　内分点の比　$\begin{cases} t:(1-t) \\ s:(1-s) \end{cases}$ の2通りで表せ

注意　内分点の式は，直線のベクトル方程式 $\vec{p}=(1-t)\vec{a}+t\vec{b}$ で $0<t<1$ の場合である。

■**練習154**　△ABC において，辺 AB を 2：1 に内分する点を P，辺 AC を 2：3 に内分する点を Q とする。直線 BQ と直線 CP の交点を R とするとき，ベクトル $\overrightarrow{AR}$ をベクトル $\overrightarrow{AB}$, $\overrightarrow{AC}$ で表せ。　　〈早稲田大〉

155 直線の方程式 $\overrightarrow{OP}=s\overrightarrow{OA}+t\overrightarrow{OB}$ $(s+t=1)$

平面上に $\triangle OAB$ と点 P があり，$\overrightarrow{OP}=s\overrightarrow{OA}+t\overrightarrow{OB}$ と表す。s, t が次の条件を満たすとき，P はどんな図形上にあるか。
(1) $s+t=1$
(2) $3s+4t=2$ 〈類　東北学院大〉

解
(1) 2点 A, B を通る直線上。
(2) $3s+4t=2$ の両辺を 2 で割って

$$\frac{3}{2}s+2t=1$$

$$\overrightarrow{OP}=\frac{3}{2}s\cdot\frac{2}{3}\overrightarrow{OA}+2t\cdot\frac{1}{2}\overrightarrow{OB}$$

と変形できるから

P は $\frac{2}{3}\overrightarrow{OA}$ と $\frac{1}{2}\overrightarrow{OB}$ の

終点を通る直線上にある。

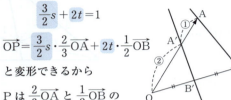

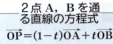

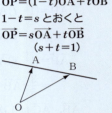

$\frac{2}{3}\overrightarrow{OA}=\overrightarrow{OA'}$, $\frac{1}{2}\overrightarrow{OB}=\overrightarrow{OB'}$ とすると，

上図の直線 A'B' 上である。

アドバイス
・$\overrightarrow{OP}=s\overrightarrow{OA}+t\overrightarrow{OB}$ で表される式で，$s+t=1$ 以外について考えてみよう。例えば，$3s+2t=6$ のような場合は，両辺を 6 で割って $\frac{s}{2}+\frac{t}{3}=1$ とする。そこで

$\frac{s}{2}+\frac{t}{3}=1$ となるように $s\overrightarrow{OA}\rightarrow\frac{s}{2}\cdot 2\overrightarrow{OA}$, $t\overrightarrow{OB}\rightarrow\frac{t}{3}\cdot 3\overrightarrow{OB}$ として

$\overrightarrow{OP}=\underbrace{\frac{s}{2}\cdot 2\overrightarrow{OA}}_{s\overrightarrow{OA}}+\underbrace{\frac{t}{3}\cdot 3\overrightarrow{OB}}_{t\overrightarrow{OB}}$ と変形する。そうすれば点 P は $2\overrightarrow{OA}$ と $3\overrightarrow{OB}$ の終点を

通る直線上にあることがわかる。

これで解決!

$\overrightarrow{OP}=\bigcirc m\overrightarrow{OA}+\bullet n\overrightarrow{OB}$
$(\bigcirc+\bullet=1)$ のとき ➡ 点 P は $m\overrightarrow{OA}$ と $n\overrightarrow{OB}$ の終点を通る直線上にある

練習155 平面上に $\triangle OAB$ と点 P があり，$\overrightarrow{OP}=s\overrightarrow{OA}+t\overrightarrow{OB}$ と表す。s, t が次の条件を満たすとき，P はどんな図形上にあるか。
(1) $s+2t=3$ 〈類　佐賀大〉
(2) $s+3t=1$, $s\geqq 0$, $t\geqq 0$ 〈類　近畿大〉

数B　ベクトル　141

156 平面ベクトルと空間ベクトルの公式の比較

平面ベクトル　　　　　　　　　　空間ベクトル

$\vec{a}=(a_1,\ a_2),\ \vec{b}=(b_1,\ b_2)$　　　　　$\vec{a}=(a_1,\ a_2,\ a_3),\ \vec{b}=(b_1,\ b_2,\ b_3)$

$|\vec{a}|=\sqrt{a_1{}^2+a_2{}^2}$　　　**大きさ**　$|\vec{a}|=\sqrt{a_1{}^2+a_2{}^2+a_3{}^2}$

$\vec{a}\cdot\vec{b}=a_1b_1+a_2b_2$　　　**内　積**　$\vec{a}\cdot\vec{b}=a_1b_1+a_2b_2+a_3b_3$

$\cos\theta=\dfrac{\vec{a}\cdot\vec{b}}{|\vec{a}||\vec{b}|}$　　　**なす角**　$\cos\theta=\dfrac{\vec{a}\cdot\vec{b}}{|\vec{a}||\vec{b}|}$

$\quad=\dfrac{a_1b_1+a_2b_2}{\sqrt{a_1{}^2+a_2{}^2}\sqrt{b_1{}^2+b_2{}^2}}$　　　$\quad=\dfrac{a_1b_1+a_2b_2+a_3b_3}{\sqrt{a_1{}^2+a_2{}^2+a_3{}^2}\sqrt{b_1{}^2+b_2{}^2+b_3{}^2}}$

$S=\dfrac{1}{2}\sqrt{|\vec{a}|^2|\vec{b}|^2-(\vec{a}\cdot\vec{b})^2}$　**面　積**　$S=\dfrac{1}{2}\sqrt{|\vec{a}|^2|\vec{b}|^2-(\vec{a}\cdot\vec{b})^2}$

アドバイス ••

- ここにあげたのは平面ベクトルと空間ベクトルの主な公式である。式を見てわかる通り，空間ベクトルの式では，平面ベクトルの式に z 成分が加わっただけである。
- その他様々な条件に関しても共通であり，平面が空間の一部分であることを考えれば，空間ベクトルでは平面ベクトルの考え方がいつでも生きている。
- ただし，計算は平面の場合より z 成分が加わった分，計算がタフになるから負けないように頑張ってほしい。

これで 解決！

空間ベクトル ➡　・公式は平面ベクトルと同じ形
　　　　　　　　　平面ベクトルに z 成分が加わっただけ
　　　　　　　　・平面の考え方がすべて使える

■**練習156**　(1)　2つのベクトル $\overrightarrow{\mathrm{OA}}=(2,\ 3,\ 5)$ と $\overrightarrow{\mathrm{OB}}=(3a+b,\ 6,\ 4a-b)$ が平行になるような a，b の値を求めよ。　　　　〈東京電機大〉

(2)　空間の2つのベクトル $\vec{a}=(3,\ 2,\ 1)$，$\vec{b}=(2,\ -1,\ 3)$ のなす角を θ とすると，$\theta=\boxed{}$ である。ただし，$0°\le\theta\le180°$ とする。　　　　〈関西大〉

(3)　2つのベクトル $\vec{a}=(-1,\ 1,\ -1)$ と $\vec{b}=(1,\ 2,\ 4)$ について次の設問に答えよ。

(ア)　$\vec{a}+t\vec{b}$ と $\vec{a}$ が垂直となるように実数 t の値を定めよ。

(イ)　$\vec{a}$ と $\vec{b}$ の両方に垂直な単位ベクトルを求めよ。　　　　〈奈良教育大〉

157 正四面体の問題

正四面体 OABC において $\vec{OA}=\vec{a}$, $\vec{OB}=\vec{b}$, $\vec{OC}=\vec{c}$ とおく。また，辺 OA，AB，BC，CO の中点を，それぞれ P，Q，R，S とする。
(1) $\vec{PR}$ と $\vec{QS}$ を $\vec{a}$, $\vec{b}$, $\vec{c}$ で表せ。
(2) $\vec{PR}$ と $\vec{QS}$ のなす角を求めよ。　　　　　〈中央大〉

解　(1) $\vec{PR}=\vec{OR}-\vec{OP}$
$$=\frac{1}{2}(\vec{b}+\vec{c})-\frac{1}{2}\vec{a}=\frac{1}{2}(-\vec{a}+\vec{b}+\vec{c})$$
$\vec{QS}=\vec{OS}-\vec{OQ}$
$$=\frac{1}{2}\vec{c}-\frac{1}{2}(\vec{a}+\vec{b})=\frac{1}{2}(-\vec{a}-\vec{b}+\vec{c})$$

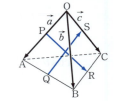

(2) $\vec{PR}\cdot\vec{QS}=\frac{1}{2}(-\vec{a}+\vec{b}+\vec{c})\cdot\frac{1}{2}(-\vec{a}-\vec{b}+\vec{c})$
$$=\frac{1}{4}(|\vec{a}|^2-|\vec{b}|^2+|\vec{c}|^2-2\vec{a}\cdot\vec{c})$$

←$\cos\theta=\dfrac{\vec{PR}\cdot\vec{QS}}{|\vec{PR}||\vec{QS}|}$ の分子の計算

ここで，正四面体だから
$|\vec{a}|=|\vec{b}|=|\vec{c}|$, $2\vec{a}\cdot\vec{c}=2|\vec{a}||\vec{c}|\cos 60°=|\vec{a}|^2$
よって，$\vec{PR}\cdot\vec{QS}=0$　∴　$\vec{PR}\perp\vec{QS}$ より **90°**

←正四面体の各面は，正三角形である。

アドバイス

- 正四面体の各面は正三角形だから，各辺の長さは等しく，辺と辺のなす角はすべて 60° である。
- このことは問題にはかかれてないが，正四面体の問題では大きさと内積について次のことは必ず使われるので覚えておく。

これで 解決!

| 正四面体の性質 ➡ | 4つの面はすべて正三角形
 $|\vec{a}|=|\vec{b}|=|\vec{c}|$
 $\vec{a}\cdot\vec{b}=\vec{b}\cdot\vec{c}=\vec{c}\cdot\vec{a}=\dfrac{1}{2}|\vec{a}|^2$ |

■**練習157**　1辺の長さが1の正四面体 PABC において，辺 PA を 1：2 に内分する点を Q，辺 BC を 1：2 に内分する点を R とする。また，$\vec{PA}=\vec{a}$, $\vec{PB}=\vec{b}$, $\vec{PC}=\vec{c}$ とする。このとき，$\vec{PQ}$, $\vec{PR}$, $\vec{QR}$ を $\vec{a}$, $\vec{b}$, $\vec{c}$ で表すと $\vec{PQ}=\boxed{}$，$\vec{PR}=\boxed{}$，$\vec{QR}=\boxed{}$ である。
　　また，$\vec{QR}$ の大きさは $\boxed{}$ である。　　　　　〈関西学院大〉

158 空間の中の平面

四面体 OABC において，∠AOB=60°，∠AOC=45°，∠BOC=90°，OA=1，OB=2，OC=$\sqrt{2}$ とする．三角形 ABC の重心を G とし，線分 OG を $t:1-t$ ($0<t<1$) の比に内分する点を P とする．
(1) $\overrightarrow{OA}=\vec{a}$，$\overrightarrow{OB}=\vec{b}$，$\overrightarrow{OC}=\vec{c}$ として，$\overrightarrow{AP}$ を $\vec{a}$，$\vec{b}$，$\vec{c}$ で表せ．
(2) OP⊥AP となるような t の値を求めよ． 〈徳島大〉

解
(1) $\overrightarrow{AP}=\overrightarrow{OP}-\overrightarrow{OA}=t\overrightarrow{OG}-\overrightarrow{OA}$
$=\dfrac{t}{3}(\vec{a}+\vec{b}+\vec{c})-\vec{a}=\left(\dfrac{t}{3}-1\right)\vec{a}+\dfrac{t}{3}\vec{b}+\dfrac{t}{3}\vec{c}$

←平面 OAG で考える．

重心 $\overrightarrow{OG}$
$\overrightarrow{OG}=\dfrac{1}{3}(\vec{a}+\vec{b}+\vec{c})$

(2) $\overrightarrow{OP}\cdot\overrightarrow{AP}$
$=\dfrac{t}{3}(\vec{a}+\vec{b}+\vec{c})\cdot\left\{\left(\dfrac{t}{3}-1\right)\vec{a}+\dfrac{t}{3}\vec{b}+\dfrac{t}{3}\vec{c}\right\}$
$=\dfrac{t}{3}(\vec{a}+\vec{b}+\vec{c})\cdot\left\{\dfrac{t}{3}(\vec{a}+\vec{b}+\vec{c})-\vec{a}\right\}$
$=\dfrac{t^2}{9}(|\vec{a}|^2+|\vec{b}|^2+|\vec{c}|^2+2\vec{a}\cdot\vec{b}+2\vec{b}\cdot\vec{c}$
$+2\vec{c}\cdot\vec{a})-\dfrac{t}{3}(|\vec{a}|^2+\vec{a}\cdot\vec{b}+\vec{a}\cdot\vec{c})$

ここで，条件より
$|\vec{a}|=1$，$|\vec{b}|=2$，$|\vec{c}|=\sqrt{2}$，$\vec{a}\cdot\vec{b}=1$，
$\vec{b}\cdot\vec{c}=0$，$\vec{c}\cdot\vec{a}=1$ を代入して整理すると $\overrightarrow{OP}\cdot\overrightarrow{AP}=0$

だから $\dfrac{11}{9}t^2-t=0$ ∴ $t=\dfrac{9}{11}$ （∵ $0<t<1$）

アドバイス
- 空間ベクトルをうまく考えられないという人は多い．それは一度に全部見てしまうからである．
- 空間を考える場合も部分的に平面を取り出して考えているということを理解すれば，あとは空間の中にある平面をよく見て問題の条件をあてはめていけばよい．

これで解決！

空間ベクトルの問題 ➡ 空間の中にある平面を見よ！

練習158 1辺の長さが $\sqrt{2}$ の正四面体 OABC がある．線分 OA および BC を $(1-t):t$ ($0<t<1$) に内分する点をそれぞれ P，Q とし，OC を 1:2 に内分する点を R とする．また，$\overrightarrow{OA}=\vec{a}$，$\overrightarrow{OB}=\vec{b}$，$\overrightarrow{OC}=\vec{c}$ とおく．
(1) $\overrightarrow{RP}$ と $\overrightarrow{RQ}$ をそれぞれ $\vec{a}$，$\vec{b}$，$\vec{c}$ および t を用いて表せ．
(2) $\overrightarrow{RP}$ と $\overrightarrow{RQ}$ が垂直になるような t の値を求め，そのときの △PQR の面積を求めよ． 〈名城大〉

159 平面と直線の交点

四面体 OABC があり，辺 AC を $2:1$ に内分する点を D，線分 OD の中点を M，線分 BM の中点を N とする。
(1) $\vec{OA}=\vec{a}$, $\vec{OB}=\vec{b}$, $\vec{OC}=\vec{c}$ として $\vec{OM}$ を $\vec{a}$, $\vec{c}$ で表せ。
(2) 直線 CN と平面 OAB の交点 P を $\vec{a}$, $\vec{b}$ で表せ。〈類 東京薬大〉

解 (1) $\vec{OD}=\dfrac{\vec{a}+2\vec{c}}{2+1}=\dfrac{1}{3}\vec{a}+\dfrac{2}{3}\vec{c}$ ∴ $\vec{OM}=\dfrac{1}{2}\vec{OD}=\dfrac{1}{6}\vec{a}+\dfrac{1}{3}\vec{c}$

(2) P は直線 CN 上の点で
$\vec{ON}=\dfrac{1}{2}(\vec{OM}+\vec{OB})=\dfrac{1}{12}\vec{a}+\dfrac{1}{2}\vec{b}+\dfrac{1}{6}\vec{c}$ だから
$\vec{OP}=\vec{OC}+t\vec{CN}=\vec{c}+t\left(\dfrac{1}{12}\vec{a}+\dfrac{1}{2}\vec{b}+\dfrac{1}{6}\vec{c}-\vec{c}\right)$
$=\dfrac{t}{12}\vec{a}+\dfrac{t}{2}\vec{b}+\left(1-\dfrac{5}{6}t\right)\vec{c}$ ……①　←変数は1つ

また，P は平面 OAB 上の点だから
$\vec{OP}=l\vec{a}+m\vec{b}$ ……② と表せる　←変数は2つ
$\vec{a}$, $\vec{b}$, $\vec{c}$ は1次独立だから①＝②より
$l=\dfrac{t}{12}$, $m=\dfrac{t}{2}$, $1-\dfrac{5}{6}t=0$
これより $t=\dfrac{6}{5}$, $\left(l=\dfrac{1}{10},\ m=\dfrac{3}{5}\right)$
よって，$\vec{OP}=\dfrac{1}{10}\vec{a}+\dfrac{3}{5}\vec{b}$

別解 ①の式で，P が平面 OAB 上にあるから $\vec{c}$ の係数は 0 である。よって，$1-\dfrac{5}{6}t=0$ より $t=\dfrac{6}{5}$ としてもよい。

アドバイス

- ベクトルで平面と直線の交点を求めるには，何といっても平面上の任意の点と直線上の任意の点，すなわち平面と直線の方程式が表せないと話にならない。直線が1つの変数で表されるのに対し，平面は2つの変数で表すことを覚えよう。

これで解決!

空間ベクトル：平面と直線の交点は
$\vec{OP}=\bigcirc\vec{a}+\square\vec{b}+\triangle\vec{c}\ \Longleftrightarrow\ \vec{OP}=\bullet\vec{a}+\blacksquare\vec{b}+\blacktriangle\vec{c}$
（平面）変数は2つ　　（直線）変数は1つ
$\vec{a}$, $\vec{b}$, $\vec{c}$ の係数 $\bigcirc=\bullet$, $\square=\blacksquare$, $\triangle=\blacktriangle$ から変数を求める。

練習159 右の直方体において，$\vec{OA}=\vec{a}$, $\vec{OB}=\vec{b}$, $\vec{OC}=\vec{c}$ とし直線 OG と平面 DEF の交点を P とする。
(1) $\vec{OP}$ を $\vec{a}$, $\vec{b}$, $\vec{c}$ で表せ。
(2) $|\vec{a}|=2$, $|\vec{b}|=|\vec{c}|=1$ とすると，$\vec{OP}$ と $\vec{AP}$ は直交することを示せ。〈滋賀県立大〉

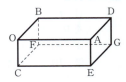

160 空間座標と空間における直線

空間内に3点 A(5, 0, 2), B(3, 3, 3), C(−4, 2, 6) があり，2点 A，B を通る直線を l とする。このとき，次の座標を求めよ。
(1) l と xy 平面との交点 D
(2) 点 C から l に引いた垂線と l との交点 H 〈類 宇都宮大〉

解 (1) 直線 l 上の任意の点を P とすると
$\vec{OP} = \vec{OA} + t\vec{AB}$ ← $\vec{p} = (1-t)\vec{OA} + t\vec{OB}$ でもよい
$\vec{AB} = (-2, 3, 1)$ だから ←成分を代入
$\vec{OP} = (5, 0, 2) + t(-2, 3, 1)$ ←媒介変数表示
$= (5-2t, 3t, 2+t)$
xy 平面との交点は $z=0$ だから
$2+t=0$ より $t=-2$
よって，**D(9, −6, 0)**

(2) $\vec{OH} = (5-2t, 3t, 2+t)$ とおくと
$\vec{CH} = \vec{OH} - \vec{OC} = (9-2t, -2+3t, -4+t)$
$\vec{AB} = (3, 3, 3) - (5, 0, 2) = (-2, 3, 1)$
$\vec{AB} \perp \vec{CH}$ だから
$\vec{AB} \cdot \vec{CH} = -2 \times (9-2t) + 3 \times (-2+3t) + 1 \times (-4+t)$ ←垂直 ⟺ (内積)=0
$= 14t - 28 = 0$ ∴ $t=2$
よって，**H(1, 6, 4)**

- 空間での直線は，どう扱っていいのか手こずることが多い。空間座標で与えられた2点を通る直線は，t（媒介変数）を使って，ベクトルの成分表示で処理する。
- 大きさや垂直条件，1次独立などのベクトルの性質を利用して t の値を求めることになる。成分表示ができれば，それほど難しくないが，意外に計算ミスが多い。

これで 解決！

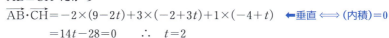

空間における直線の扱い
A(a_1, a_2, a_3), B(b_1, b_2, b_3)
（2点 A，B を通る直線）
➡ $\vec{p} = \vec{OA} + t\vec{AB}$ or $\vec{p} = (1-t)\vec{OA} + t\vec{OB}$
成分を代入して
$\vec{p} = (\bigcirc t + \bullet,\ \square t + \blacksquare,\ \triangle t + \blacktriangle)$ の形に

練習160 空間内の2点 A(8, −1, 5), B(6, 0, 3) を通る直線を l とする。このとき，次の座標を求めよ。
(1) l と xy 平面との交点 D
(2) 原点 O から l に引いた垂線との交点 H 〈類 福岡教育大〉

147

こ た え

1 (1) $(x+2)(x+1)(x-1)$
(2) $(b+c)(ab-bc-ca)$
(3) $(x+2y-1)(2x-y-1)$
(4) $(x^2+2x+2)(x^2-2x+2)$

2 (1) $a^2+4ab+b^2=18$
$a^3+2a^2b+2ab^2+b^3=60$
(2) -1, 4, 11
(3) $2\sqrt{3}$, $18\sqrt{3}$

3 (1) (ア) $2\sqrt{3}-\sqrt{5}$ (イ) $\sqrt{6}$
(2) 5, 1

4 $\sqrt{3}-1$, $\dfrac{8}{13}$

5 (1) -3, $-2x+1$
(2) $a\geqq 1$ のとき, $\dfrac{a-1}{2}$
$0<a<1$ のとき, $\dfrac{1-a}{2a}$

6 $y=(x-1)^2+2$

7 $t=\dfrac{5}{2}$ のとき $y=2\left(x-\dfrac{5}{2}\right)^2+\dfrac{1}{2}$
$t=2$ のとき $y=2(x-2)^2+1$

8 2, -3

9 $f(x)=-(x+1)^2+6$

10 $a=\dfrac{5}{2}$, -10

11 $g(t)=\begin{cases} t^2-4t-3 & (t<2) \\ -7 & (2\leqq t\leqq 3) \\ t^2-6t+2 & (3<t) \end{cases}$

12 (1) $\dfrac{6}{5}$, $\dfrac{3}{5}$, $\dfrac{9}{5}$
(2) $x=-2$, $y=0$ のとき 最大値 16

13 6, 4

14 $-4\leqq k\leqq 8$

15 $a>1$ のとき, $-a+2\leqq x\leqq a$
$a=1$ のとき, $x=1$
$a<1$ のとき, $a\leqq x\leqq -a+2$

16 $a=2$, $b=4$

17 (1) $x<-1$, $\dfrac{5}{2}<x$
(2) $3<a\leqq 4$, $-3\leqq a<-2$

18 (1) $a<-6$
(2) $-6<a<-2$
(3) $3\leqq a<7$

19 (1) $\cos\theta=-\dfrac{3}{\sqrt{13}}$, $\tan\theta=-\dfrac{2}{3}$
(2) $-\dfrac{2}{3}$, $\dfrac{\sqrt{5}}{3}$

20 (1) $x=45°$, $135°$
(2) $120°<x\leqq 180°$

21 $-\dfrac{4}{9}$, $\dfrac{13}{27}$

22 $2t^2-2t-1$, $60°$, $-\dfrac{3}{2}$, $180°$, 3

23 $\dfrac{7}{8}$, $\dfrac{3\sqrt{15}}{4}$, $\dfrac{8\sqrt{15}}{15}$, $\dfrac{\sqrt{15}}{6}$

24 $\dfrac{4}{3}$

25 $BP=\dfrac{8}{5}$, $AP=\dfrac{3\sqrt{6}}{5}$

26 (1) $5:6$
(2) $\sqrt{17}$, $\dfrac{3\sqrt{34}}{8}$

27 (1) $60°$ (2) $10\sqrt{3}$ (3) $\dfrac{7\sqrt{3}}{3}$
(4) $\dfrac{70\sqrt{2}}{3}$

28 $a=-3$, $b=8$
$A\cup B=\{-4,\ 2,\ 4,\ 5,\ 9\}$

29 $-1\leqq k\leqq 3$

30 33, 17, 67

31 (1) (ア) 「すべての x について
$x^2-2x+1<0$ である」
(イ) 「$x\leqq 1$ かつ $y<2$ である」
(ウ) 「a と b の少なくとも一方は無理数である」
(2) (ア) 「$a^2\leqq b^2$ ならば $a\leqq b$ または
$a+b\leqq 0$ である」
(イ) 「a, b, c がどれも奇数ならば
$a^2+b^2\neq c^2$ である」

32 (1) 十分条件である
(2) 必要条件である
(3) 必要十分条件である
(4) 必要条件でも十分条件でもない

33 (1) $x=6$, $y=1$
(2) $x=4$, 5

(3) $\begin{cases} x=5 \\ y=2 \end{cases}$ $\begin{cases} x=6 \\ y=1 \end{cases}$ $\begin{cases} x=7 \\ y=0 \end{cases}$

34 (1) 正しいとはいえない

(2) 正しいとはいえない

(3) 正しい

35 (1) $\overline{x}=5,\ s^2=4,\ s=2$

(2) (ア) 6　(イ) 21

36 (1) $\overline{x}=6,\ \overline{y}=4,\ s_x=2,\ s_y=\sqrt{2}$

(2) $s_{xy}=1,\ r=\dfrac{\sqrt{2}}{4}$

37 (1) 100, 52　(2) 560　(3) 30 通り

38 (1) 1440　(2) 720　(3) 210

39 (1) 48　(2) 2880　(3) 420

40 (1) 450　(2) 171　(3) 816

(4) 1020

41 1260, 315, 280

42 (1) 720, 1440

(2) (ア) 210　(イ) 30　(ウ) 60

43 (1) 34

(2) (i) 56 個　(ii) 40 個　(iii) 68 個

44 (1) $\dfrac{3}{35},\ \dfrac{1}{3}$　(2) $\dfrac{12}{35},\ \dfrac{41}{70}$

45 (1) $\dfrac{9}{10}$　(2) $\dfrac{5}{8}$

46 (1) $\dfrac{4}{25}$　(2) $\dfrac{22}{75}$　(3) $\dfrac{1}{15}$

47 (1) $\dfrac{5}{18},\ \dfrac{13}{18}$

(2) $\dfrac{125}{216},\ \dfrac{61}{216}$

48 (1) (ア) $\dfrac{144}{625}$　(イ) $\dfrac{288}{3125}$　(2) $\dfrac{45}{1024}$

49 (1) $(a,\ b)=(168,\ 588),\ (336,\ 420)$

(2) $\dfrac{a}{b}=\dfrac{3}{2}$

50 $-3,\ 1,\ 3,\ 7$

51 $2^3 \times 3^2 \times 7,\ 24,\ 1560$

52 (1) （証）$n^2+n=n(n+1)$ だから

(i) $n=2k$ のとき

$n^2+n=2k(2k+1)=(2\ の倍数)$

(ii) $n=2k-1$ のとき

$n^2+n=(2k-1)(2k-1+1)$

$\qquad =2k(2k-1)=(2\ の倍数)$

よって，n^2+n は 2 で割り切れる。（終）

(2) （証）

$m^3+2n^3+3n^2-m+n$

$=(m^3-m)+(2n^3+3n^2+n)$

$=m(m^2-1)+n(2n^2+3n+1)$

$=m(m+1)(m-1)+n(n+1)(2n+1)$

$=(m-1)m(m+1)$

$\qquad\qquad +n(n+1)(n+2+n-1)$

$=(m-1)m(m+1)+n(n+1)(n+2)$

$\qquad\qquad\qquad +(n-1)n(n+1)$

これらの項は，すべて連続する 3 つの整数の積だから 6 の倍数である。（終）

53 任意の整数 n は，ある自然数 k を用いて $n=4k,\ 4k+1,\ 4k+2,\ 4k+3$ と表せる。

(i) $n=4k$ のとき

$n^2=(4k)^2=4\cdot 4k^2$

$\quad =(4\ の倍数)$　∴　余りは 0

(ii) $n=4k+1$ のとき

$n^2=(4k+1)^2=16k^2+8k+1$

$\quad =4(4k^2+2k)+1$

$\quad =(4\ の倍数)+1$　∴　余りは 1

(iii) $n=4k+2$ のとき

$n^2=(4k+2)^2=16k^2+16k+4$

$\quad =4(4k^2+4k+1)$

$\quad =(4\ の倍数)$　∴　余りは 0

(iv) $n=4k+3$ のとき

$n^2=(4k+3)^2=16k^2+24k+9$

$\quad =4(4k^2+6k+2)+1$

$\quad =(4\ の倍数)+1$　∴　余りは 1

よって，(i)〜(iv)より，n^2 を 4 で割った余りは 0 か 1 である。

これより $a^2,\ b^2$ を 4 で割った余りは 0 か 1 になるから，$a^2,\ b^2$ は $p,\ q$ を 0 以上の整数として

$a^2=4p,\ 4p+1$　　$b^2=4q,\ 4q+1$

と表せる。このとき，

$a^2+b^2=4(p+q),\ 4(p+q)+1,$

$4(p+q)+2$

と表されるから，$m=a^2+b^2$ と表すことはできない。

54 (1) 63

(2) (ア) $x=-14,\ y=43$

(イ) $x=-9,\ y=7$

55 (1) $(-3,\ 2)$　(2) 82

56 (1) 5, 47, 11, 5

(2) $(x,\ y)=(4,\ 12),\ (6,\ 6)$

149

57 $x=1$

58 49

59 (1) $4034_{(5)}$　(2) 16 進法
　(3) 190, 247

60 (1) $x=45°$
　(2) $x=50°$, $y=35°$
　(3) $x=80°$, $y=20°$

61 (1) $x=20°$, $y=230°$
　(2) $x=30°$
　(3) $x=116°$, $y=26°$

62 (1) $x=2$
　(2) $x=3$
　(3) $x=4\sqrt{2}$

63 (1) $x=2$
　(2) $x=6$
　(3)　$d>11$ のとき　共有点は 0 個
　　　　$d=11$ のとき　共有点は 1 個
　　$3<d<11$ のとき　共有点は 2 個
　　　　$d=3$ のとき　共有点は 1 個
　　$0≦d<3$ のとき　共有点は 0 個

64 $\sqrt{2}$, $\dfrac{4\sqrt{5}}{5}$

65 (1) -672, 144
　(2) -20, 210

66 (1) $B=2x^2-3x-4$
　(2) 2, 2, 6, 3
　(3) 4, 6, -12

67 (1) 2　(2) 0　(3) 0　(4) $1-a$

68 (1) $\dfrac{7}{10}+\dfrac{1}{10}i$　(2) $-2+2i$

69 (1) $x=4$, $y=3$
　(2) $x=15$, $y=-5$

70 (1) $a=1$, $b=2$
　(2) (ア) $\dfrac{4}{3}$　(イ) $\dfrac{20}{3}$　(ウ) -12

71 8, 16

72 11

73 (1) $a=-4$, 7
　(2) $a=13$, $b=-21$

74 (1) $-x+4$
　(2) 7, -3, 10

75 $-x^2-3x-1$

76 (1) (ア) $x=3$, $\dfrac{-5\pm\sqrt{3}\,i}{2}$

　(イ) $x=-1$, $\dfrac{1}{2}$, $-1\pm i$
　(2) $p=-3$, 他の解は $x=1$, 3

77 (1) $P(x)=(x-2)(x^2+ax+1)$
　(2) $a<-\dfrac{5}{2}$, $-\dfrac{5}{2}<a<-2$, $2<a$
　(3) $a=2$ のとき　$x=2$, -1
　　　$a=-2$ のとき　$x=2$, 1
　　　$a=-\dfrac{5}{2}$ のとき　$x=\dfrac{1}{2}$, 2

78 9, -10, 2

79 (1) $a=1$, $b=-6$, $c=1$, $d=-4$
　(2) $a=-3$, $b=3$, $c=0$
　(3) $a=-1$, $b=3$, $c=1$

80 (1) $a+b+c=0$,
　　$\dfrac{c}{a+b}+\dfrac{a}{b+c}+\dfrac{b}{c+a}=-3$
　(2) 6, 4, 1, $-\dfrac{4}{5}$
　(3) 5

81 (1) $2\sqrt{2}+1$, $\sqrt{2}$
　(2) $7+4\sqrt{3}$
　(3) $\dfrac{3}{2}$

82 $(6, 0)$

83 $3x+2y-7$, $2x-3y-9$

84 $a=11$

85 $a=\dfrac{1}{3}$, $\dfrac{1}{2}$, -1

86 (1) 5
　(2) $y=-\dfrac{1}{2}x+2+\sqrt{5}$
　(3) 最大値 $\dfrac{9\sqrt{2}}{8}$, $P\left(\dfrac{1}{2},\ \dfrac{1}{4}\right)$

87 $B(4, 1)$

88 $(-1, -3)$

89 $(x-3)^2+(y-2)^2=10$

90 (1) $y=\dfrac{4}{3}x-\dfrac{25}{3}$,
　　$y=-\dfrac{3}{4}x+\dfrac{25}{4}$
　(2) $y=\dfrac{1}{3}x$, $y=-3x+10$

91 7, 3

92 $PQ=2\sqrt{2}$

93 (1) $-\dfrac{1}{4} \leqq k \leqq \dfrac{7}{8}$

(2) $y = -\dfrac{1}{2}x - 4$, $y = -\dfrac{1}{2}x + 1$

94 (1) $5x + y - 7 = 0$

(2) $2x + y - 6 = 0$, $x^2 + y^2 - 3x - \dfrac{3}{2}y = 0$

95 -3, 6

96 $y = -x^2 - 2x - 2$

97 (1) $\left(x - \dfrac{3}{2}\right)^2 + y^2 = 1$

(2) $(x-2)^2 + (y-1)^2 = 1$

98 (1) 6, $-\dfrac{1}{4}$

(2) 最大値 17, 最小値 $\dfrac{9}{5}$

99 (1) 1

(2) $-\dfrac{7}{9}$, $\dfrac{\sqrt{6}}{3}$

(3) $\dfrac{4}{3}$

100 (1) 2, $-\sqrt{3}$

(2) 最大値 $\sqrt{5}$, 最小値 -2

101 $\theta = \dfrac{\pi}{8}$ のとき $M = 2 + \sqrt{2}$

$\theta = 0$, $\dfrac{\pi}{4}$ のとき $m = 3$

102 (1) $y = -\dfrac{1}{2}t^2 + t + \dfrac{1}{2}$

(2) $-\sqrt{2} \leqq t \leqq 1$

(3) $\theta = 0$ のとき最大値 1

$\theta = \dfrac{3}{4}\pi$ のとき最小値 $-\dfrac{1}{2} - \sqrt{2}$

103 (1) $\dfrac{\pi}{6} \leqq x \leqq \dfrac{5}{6}\pi$

(2) $x = \dfrac{4}{3}\pi$, $\dfrac{5}{3}\pi$ のとき, 最大値 $\dfrac{7}{2}$

$x = \dfrac{\pi}{2}$ のとき, 最小値 $-2\sqrt{3}$

104 $2^x + 2^{-x} = \sqrt{13}$, $4^x - 4^{-x} = 3\sqrt{13}$,

$2^{3x} + 2^{-3x} = 10\sqrt{13}$

105 $\sqrt[3]{2}$, $\sqrt[6]{5}$, $\sqrt[4]{3}$

106 (1) 8, 4

(2) 6, 14, 2, 5

107 (1) $x = 3$

(2) $x < -1$, $0 < x$

(3) $x < 0$

108 (1) -2 (2) $\dfrac{3}{4}$ (3) 24

(4) 5

109 $1 + ab$, $\dfrac{3 + ab}{a + ab}$

110 $\dfrac{1}{2}$

111 $\dfrac{3}{2}$, $\log_2 3$, $\log_4 10$

112 24 桁, 小数第 18 位

113 (1) 4 (2) $\dfrac{9}{8}$, -2

114 (1) $x = 5$

(2) $x = 6$

(3) $3 < x < \dfrac{5 + \sqrt{17}}{2}$

(4) $0 < x \leqq 2$

115 (1) $y = 10x + 19$

(2) $y = 9x - 27$, $y = 9x + 5$

(3) $(0, 1)$, $y = x + 1$, $(-2, -9)$, $y = 9x + 9$

116 (1) $y = (3a^2 - 3)x - 2a^3$

(2) $y = 2$, $y = 9x - 16$

(3) $-6 < t < 2$

117 $a = 2$, $b = -3$, $c = -12$, $d = 10$

118 $x = -a$ で極大値, $x = 3a$ で極小値

119 $0 \leqq a \leqq \dfrac{1}{3}$

120 -3, -2

121 (1)

x	$\cdots$	0	$\cdots$	2	$\cdots$
$f'(x)$	$+$	0	$-$	0	$+$
$f(x)$	↗	0	↘	-4	↗

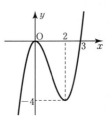

(2) $\begin{cases} a = 0, \ a > 4 \ \text{のとき} \ 2 \ \text{個} \\ 0 < a < 4 \ \text{のとき} \ 4 \ \text{個} \\ a = 4 \ \text{のとき} \ 3 \ \text{個} \end{cases}$

(3) $-1 < a < 0$

122 $k > -\dfrac{1}{2}$

151

123 $\frac{3}{2}$, $\frac{1}{2}$

124 (1) $\frac{29}{6}$ (2) 16

125 (1) $f(t)=\begin{cases} 3t-\frac{9}{2} & (t\geq 3) \\ t^2-3t+\frac{9}{2} & (0\leq t\leq 3) \\ -3t+\frac{9}{2} & (t\leq 0) \end{cases}$

(2) $\frac{35}{3}$

126 (1) $f(x)=2x^2-x-2$

(2) $f(x)=9x^2-10x-4$, $a=-1$, 2, $\frac{2}{3}$

127 (1) $\frac{1}{6}$ (2) 9 (3) $\frac{8}{3}(\sqrt{2}-1)$

128 -2, $\frac{4}{3}$

129 (1) (0, 0), (4, 4)
(2) 8
(3) $a=2\cdot\sqrt[3]{3}-3$

130 (1) 61, 35, 500
(2) 100, -5, $\frac{1}{2}n(-5n+205)$, 42

131 (1) 2, $\frac{1}{8}$, $\frac{1}{8}(2^n-1)$
(2) $a=1$, $r=5$

132 $d=-9$, 最大値 2323

133 2, -1

134 $a_n=15n-7$

135 $\frac{1}{16}\{(4n-1)\cdot 5^n+1\}$

136 (1) $\frac{1}{6}n(n+1)(4n+5)$

(2) $\frac{1}{6}n(n+1)(n+2)$

137 (1) $\frac{2n}{n+1}$

(2) 9

138 (1) $\begin{cases} a_1=4 \\ a_n=6n-7 \ (n\geq 2) \end{cases}$

(2) $a_n=2\cdot\left(\frac{2}{3}\right)^{n-1}$

139 29, $\frac{k^2-k+2}{2}$, $\frac{k(k+1)}{2}$,

$\frac{1}{6}k(k+1)(2k+1)$

140 (1) $a_n=\frac{1}{2}n^2+\frac{1}{2}n+1$

(2) $a_n=\frac{3^n-1}{2}$

(3) $a_n=\frac{n^2-2n+2}{n}$

141 (1) $a_n=\frac{1}{2}(3^n+1)$

(2) $a_n=\frac{1}{2^{n-1}+1}$

142 2, 1, $-\frac{1}{2}$, $\frac{3}{2}$, $-\frac{3}{2}$, $\frac{1}{2}$

143 (1) $\vec{AD}=\frac{1}{2}\vec{b}$, $\vec{AE}=\frac{3}{2}\vec{c}$,

$\vec{AF}=\frac{2\vec{b}-\vec{c}}{3}$

(2) $\vec{AP}=\frac{2\vec{b}+5\vec{c}}{7}$, BP : PC = 5 : 2

144 (1) 3点 D, E, F は次図。

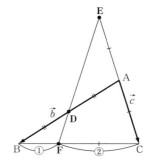

(2) $\vec{AF}=\frac{2}{3}\vec{b}+\frac{1}{3}\vec{c}$

(3) $\vec{ED}=\vec{AD}-\vec{AE}$
$=\frac{1}{2}\vec{b}-(-\vec{c})$
$=\frac{1}{2}(\vec{b}+2\vec{c})$

$\vec{EF}=\vec{AF}-\vec{AE}=\frac{2}{3}\vec{b}+\frac{1}{3}\vec{c}-(-\vec{c})$
$=\frac{2}{3}\vec{b}+\frac{4}{3}\vec{c}=\frac{2}{3}(\vec{b}+2\vec{c})$

よって, $\vec{ED}=\frac{3}{4}\vec{EF}$ だから D, E, F は一直線上にある。

145 $\vec{AB}=(2, -5)$, $\vec{BC}=(1, 3)$, D(2, 6)

146 $x=1$, $y=2$

147 (1) $3\sqrt{3}$, $-6-3\sqrt{3}$, $\sqrt{13}$

152

(2) 7, 5, 5

148 (1) $\theta = 30°$
(2) $k = 1, -3$
(3) $\sqrt{5}$

149 $\overrightarrow{OP} = \pm\left(\dfrac{1}{\sqrt{2}}, \dfrac{1}{\sqrt{2}}\right)$

150 $t = -\dfrac{1}{5}$, 最小値 3

151 (1) 7
(2) $\dfrac{\sqrt{7}}{4}$

152 (1) $\dfrac{5}{12}, \dfrac{1}{4}$
(2) 3, 4, 5

153 $\overrightarrow{OH} = \dfrac{1}{4}\overrightarrow{OA} + \dfrac{3}{4}\overrightarrow{OB}$

154 $\overrightarrow{AR} = \dfrac{6}{11}\overrightarrow{AB} + \dfrac{2}{11}\overrightarrow{AC}$

155 (1) P は下図の直線 A′B′ 上。

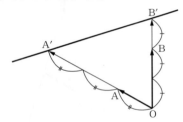

(2) P は下図の線分 AB′ 上。

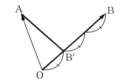

156 (1) $a = 2, b = -2$
(2) $60°$
(3) (ア) $t = 1$
(イ) $\left(\dfrac{\sqrt{6}}{3}, \dfrac{\sqrt{6}}{6}, -\dfrac{\sqrt{6}}{6}\right)$,
$\left(-\dfrac{\sqrt{6}}{3}, -\dfrac{\sqrt{6}}{6}, \dfrac{\sqrt{6}}{6}\right)$

157 $\dfrac{1}{3}\vec{a}, \dfrac{2}{3}\vec{b} + \dfrac{1}{3}\vec{c}, -\dfrac{1}{3}(\vec{a} - 2\vec{b} - \vec{c})$,
$\dfrac{\sqrt{5}}{3}$

158 (1) $\overrightarrow{RP} = (1-t)\vec{a} - \dfrac{1}{3}\vec{c}$,
$\overrightarrow{RQ} = t\vec{b} + \left(\dfrac{2}{3} - t\right)\vec{c}$
(2) $t = \dfrac{2}{3}$, 面積 $\dfrac{2}{9}$

159 $\overrightarrow{OP} = \dfrac{2}{3}(\vec{a} + \vec{b} + \vec{c})$
(2) $\overrightarrow{AP} = \overrightarrow{OP} - \overrightarrow{OA} = \dfrac{2}{3}(\vec{a} + \vec{b} + \vec{c}) - \vec{a}$
$= \dfrac{1}{3}(-\vec{a} + 2\vec{b} + 2\vec{c})$
$\overrightarrow{OP} \cdot \overrightarrow{AP}$
$= \dfrac{2}{3}(\vec{a} + \vec{b} + \vec{c}) \cdot \dfrac{1}{3}(-\vec{a} + 2\vec{b} + 2\vec{c})$
ここで、$|\vec{a}| = 2, |\vec{b}| = |\vec{c}| = 1$ かつ
直方体より
$\vec{a} \perp \vec{b}, \vec{b} \perp \vec{c}, \vec{c} \perp \vec{a}$ だから
$\vec{a} \cdot \vec{b} = \vec{b} \cdot \vec{c} = \vec{c} \cdot \vec{a} = 0$
∴ $\overrightarrow{OP} \cdot \overrightarrow{AP}$
$= \dfrac{2}{9}(-|\vec{a}|^2 + 2|\vec{b}|^2 + 2|\vec{c}|^2)$
$= \dfrac{2}{9}(-4 + 2 + 2) = 0$
よって、$\overrightarrow{OP} \perp \overrightarrow{AP}$ である。

160 (1) $D\left(3, \dfrac{3}{2}, 0\right)$
(2) $H(2, 2, -1)$